ETHNO-
BOTANIK

Indigenes Pflanzenwissen in aller Welt

ETHNO-BOTANIK

Sarah E. Edwards

Aus dem Englischen von Bettina Eschenhagen

Laurence King Verlag

INHALT

VORWORT

„... a Heaven in a Wild Flower“

William Blake (1757–1827), aus:
„Auguries of Innocence“ (um 1803)

Für den magischen Reiz der Pflanzen öffneten sich mir die Augen, als ich in meiner Kindheit Cicely M. Barkers Buch *Flower Fairies of the Wayside* (1948) in die Hand bekam. Als Jugendliche blieb mein Interesse wach, als ich ehrenamtlich im Heilkräutergarten von Chenies Manor House (ein Herrensitz der Tudorzeit in Buckinghamshire) arbeitete und dabei etwas über die historische Bedeutung von Pflanzen für die Medizin lernte. Mit 20 hatte ich den Abschluss der Universität Reading in Botanik, und kurz darauf begann ich, in Kew Gardens, dem Botanischen Garten Londons, als Programmieranalytikerin naturwissenschaftliche Datenbanken aufzubauen.

Ein paar Jahre später inspirierte mich ein Klartraum – so real und lebhaft wie die Welt im Wachzustand – dazu, einen aufregenden neuen Weg einzuschlagen, nämlich Ethnobotanikerin zu werden. In dem Traum führte mich ein alter, von Kopf bis Fuß in Rinde gehüllter Aborigine singend und tanzend durch den australischen Busch. Am nächsten Morgen beantragte ich in Kew ein Sabbatjahr, um bei botanischen Organisationen in Australien mitzuarbeiten. Zum Glück unterstützte der damalige Direktor Prof. Sir Ghillean Prance mein Interesse an der Ethnobotanik. In meinem Sabbatjahr erlebte ich diverse Abenteuer: In den ersten Monaten arbeitete ich beim Kings Park and Botanic Garden in Perth und nahm an dessen Samensammelexkursion in die Große Victoria-Wüste teil (die nach den ersten Regenfällen seit Jahren in Blüte stand). Danach arbeitete ich als Assistentin des Ethnobotanikers Glenn Wightman im Northern Territory, überwiegend in einem ethnobiologischen Projekt mit den Tiwi der 80 km nördlich von Darwin gelegenen Insel Melville. Tiwi-„Elders“ ehrten mich, indem sie mich „adoptierten“, mir einen „Skin Name“ gaben und mich so in ihr Verwandtschaftssystem aufnahmen.

Ein Jahr nach meiner Rückkehr aus Australien begann ich am University College London mit dem Master of Science in Medizinischer Anthropologie, weil eine gute Ethnobotanikerin m. E. ebenso eine sozialwissenschaftliche wie eine botanische Ausbildung benötigt. Für meine Abschlussarbeit betrieb ich in Nordostbrasilien

Feldforschung über lokale soziokulturelle Konzepte der Heilpflanzenverwendung. Als ich kurz darauf wieder in Kew tätig war, und zwar beim Chinese Medicinal Plants Authentication and Conservation Centre (CMPACC), bekam ich eine überraschende E-Mail: „Elders" der indigenen Gemeinschaft Aurukun im hohen Norden von Queensland schlugen mir vor, das traditionelle Pflanzenwissen der Wik, der Wik-Waya und der Kugu (zusammengefasst Wik) zu dokumentieren und eine ethnobiologische Datenbank für sie aufzubauen. Dank eines Promotionsstipendiums konnte ich das Projekt unter Leitung von Prof. Michael Heinrich realisieren. In Aurukun kooperierte ich eng mit dem „Songman" J. Ngallametta, dem letzten Menschen, der auf traditionelle Weise im dortigen Busch aufgewachsen war. „Songmen" sind die obersten Hüter der Aborigines, hochgeehrt wegen ihrer wichtigen Rolle bei der Bewahrung der Geschichten, Lieder, Tänze und Zeremonien ihres ererbten Landes. J. Ngallametta machte mich zu seiner Adoptivtochter, eine Ehre, die mit großer Verantwortung einherging. Ich empfinde es als Privileg, dass ich eine Weile im Wik-Land verbringen durfte, und verdanke meiner Wik-Adoptivfamilie und meinen Wik-Kolleg*innen viel: Sie vermittelten mir eine andere Lebensweise und ein anderes Weltverständnis. In einem anthropologischen Aufsatz aus den 1930ern las ich, dass die Wik ihre Toten vor der Ära der Mission in die Rinde der Silberbaum-Myrtenheide hüllten und ein Jahr lang auf Bahren umhertrugen, bevor sie sie zeremoniell einäscherten (s. S. 235). Wik-„Elders" sagten mir, der Mann in meinem Traum sei der Geist eines der „Old People" gewesen und habe mich gerufen, weil es „einiges für mich zu tun gebe".

Laut australischen Aboriginesvölkern dürfen nur die „ursprünglichen Besitzer" oder deren Vertreter für das „Land" (Clan-Besitz) inklusive seiner Pflanzen und Tiere sprechen. Das gesamte traditionelle Wissen in diesem Buch stammt aus publizierten Quellen (s. Auswahlbibliografie, S. 250), die direkt auf „Elders" („Hüter traditionellen Wissens") zurückgehen und z. T. von ihnen verfasst wurden. Wenn ich es hier darlege, möchte ich zugleich seine Aneignung vermeiden und erkenne an, dass es das geistige Eigentum der Hüter traditionellen Wissens bleibt, ob Australiens oder eines anderen Landes.

Seit der Frühgeschichte leben die Menschen in tiefer Verbindung mit den Pflanzen ihrer Umgebung. Dieses Buch verknüpft lokale und indigene Sichtweisen auf wichtige Pflanzen in verschiedenen Regionen der Welt mit wissenschaftlichen Informationen und Illustrationen aus dem Archiv von Kew Gardens. Möge es vielen Menschen Augen und Herzen für die wunderbare Welt der Ethnobotanik öffnen.

Sarah E. Edwards

EINFÜHRUNG

Seit der Mensch auf unserem schönen Planeten erschien, ist das Leben der Pflanzen eng mit dem seinen verwoben. Pflanzen versorgen uns elementar mit allem, was wir fürs Überleben brauchen: Mittels Fotosynthese wandeln sie Sonnenenergie in chemische Energie um, die den Großteil der für das Leben notwendigen Energie liefert und das Sauerstoffniveau in der Erdatmosphäre aufrechterhält, das wir zum Atmen brauchen. Darüber hinaus versorgen sie uns mit Nahrung; mit Arzneien zur Behandlung und Vorbeugung von Krankheiten; mit Rohstoffen und Nutzholz, aus denen wir Unterstände und Gebäude, Möbel und Musikinstrumente bauen; mit Brennstoffen, die uns Wärme spenden und uns das Kochen ermöglichen; mit Fasern für die Herstellung von Kleidung und Körben; und sie enthalten sogar entheogene Substanzen für die Verständigung mit dem Göttlichen.

ANTHROPOZÄN

Doch trotz unserer Abhängigkeit von Pflanzen – oder vielleicht gerade deswegen – erleben wir derzeit viel höhere Aussterberaten als erwartet: Laut Schätzungen von Botaniker*innen der Royal Botanic Gardens in Kew sind aktuell 39,4 % der Pflanzen (oder zwei von fünf) vom Aussterben bedroht. Diese Raten erhöhen sich deutlich schneller als in den Jahrmillionen davor und scheinen auf ein „Massenaussterben" wie zuletzt am Ende der Kreidezeit vor 66 Mio. Jahren zuzusteuern, als es noch Dinosaurier gab. Der Einfluss des Menschen auf den Planeten ist derart gravierend, dass Wissenschaftler*innen vorschlagen, von einem neuen geologischen Zeitalter zu sprechen, dem Anthropozän, dessen Beginn aber umstritten ist. Manche verorten ihn schon im Neolithikum mit dem Aufkommen der Landwirtschaft; andere in der industriellen Revolution des 18. Jahrhunderts; wieder andere in der Mitte des 20. Jahrhunderts, als Kernexplosionen auf dem ganzen Globus radioaktive Elemente freisetzten und sich in der fossilen Überlieferung Plastik ablagerte.

Eine der Hauptursachen für den Pflanzenartenschwund ist der Habitatverlust infolge veränderter Bodennutzung – insbesondere durch Landwirtschaft, Bergbau und Urbanisation –, gefolgt vom Raubbau an der Natur, vor allem an Heilpflanzen. Eine Studie des Natural History Museum in London zur weltweiten Biodiversitätsentwicklung brachte zutage, dass Großbritannien fast die Hälfte seiner Arten verloren hat – mehr als jedes andere Land in Westeuropa; es rangiert bei den untersten

10 % aller Länder weltweit. Seit den 1930ern sind dort allein 97 % der Wildblumenwiesen (insgesamt 3 Mio. ha) verschwunden. Die Ursachen liegen in der Industrialisierung der Landwirtschaft – noch verschärft durch den Einsatz von Düngemitteln, Pestiziden und Herbiziden – und vermehrter Urbanisation.

GESCHICHTE DER ETHNOBOTANIK

Die Ethnobotanik ist ein interdisziplinäres, Sozial- und Naturwissenschaften überspannendes Fachgebiet zur Erforschung der kulturell vermittelten Interaktionen und wechselseitigen Beziehungen zwischen Menschen und Pflanzen. Von den geschätzten ca. 390.900 der Wissenschaft bekannten Pflanzenarten präsentiert dieses Buch nur einen winzigen Bruchteil. Es stellt einige Schlüsselpflanzen aus verschiedenen Teilen der Welt ins Rampenlicht, um zu zeigen, wie wichtig sie für diverse Gesellschaften sind, welche Rolle sie darin spielen und welche Mythen, Geschichten und spirituellen Praktiken sich um sie ranken.

Wie alle naturwissenschaftlichen Disziplinen ist auch die Ethnobotanik nicht im luftleeren Raum, sondern im Kontext zeitbedingter soziopolitischer Strömungen entstanden. Der Begriff geht auf den amerikanischen Botaniker John Harshberger zurück: Er benutzte ihn 1895 in einem Vortrag, um die Untersuchung der von „primitiven und eingeborenen Völkern" genutzten Pflanzen zu beschreiben. Aber schon lange vorher haben Menschen ethnobotanische Zusammenhänge erforscht. Seit der kolonialen Expansion der Europäer ab dem 15. Jahrhundert sammelten Naturforscher*innen eifrig lokales biologisches Wissen. Die Suche nach neuen Rohstoffen, darunter Nutzpflanzen, war eine Triebkraft für den Kolonialismus; man brachte aus der sogenannten Neuen Welt diverse kommerziell wichtige Pflanzen nach Europa oder baute sie in fernen Kolonien an. Besonders groß war das Interesse an exotischen Heilpflanzen bei europäischen Ärzt*innen und Naturwissenschaftler*innen. Die Kolonialmächte beuteten traditionelles Pflanzenwissen aus, das sie als Neuentdeckungen ausgaben, ohne jedweden intellektuellen Beitrag der Hüter traditionellen Wissens anzuerkennen.

In Fortführung dieses kolonialen Erbes waren die Ethnobotaniker*innen des späten 19. Jahrhunderts oft in Museen tätig und befassten sich mit dem ökonomischen Nutzen der von Indigenen hergestellten pflanzlichen Produkte. Sie beschrieben die Verwendungen der Pflanzen aus Forscherperspektive ohne näheres Interesse an den Erkenntnissen oder Werten der lokalen Völker. Es ging ihnen mehr um für die westliche Zivilisation wertvolle Produkte als um das Wissen der sogenannten „Eingeborenen". Darwins Evolutionstheorie wurde zur Theorie des Sozialdarwinismus ausgeweitet, derzufolge die menschliche Entwicklungsgeschichte ein lineares

Hoodia gordonii, aus: *Curtis's Botanical Magazine* (1878). (Auf der Illustration steht der Name *Hoodia bainii*; heute wird die Art *Hoodia gordonii* genannt.)

Mit dem roten Pigment des Annattostrauchs (*Bixa orellana*) gefärbter Grasrock aus Papua-Neuguinea. Kew Economic Botany Collection.

Fortschreiten von „Wildheit“ zu „Zivilisiertheit“ mit der europäischen als der am weitesten entwickelten Gesellschaft darstellt. Dieser koloniale Kontext bestimmte die anthropologische Forschung und legitimierte die Verobjektivierung der indigenen Völker. Der Anthropologe und Evolutionsbiologe Baldwin Spencer (1860–1929) beschrieb australische Aborigines als „oft rohe, kuriose Kreaturen, die andernorts dahingeschieden sind und höheren Entwicklungsstufen Platz gemacht haben“.

Wissenschaftlern wie ihm entging die Komplexität der indigenen Wissenssysteme und Landbewirtschaftungsmethoden, darunter der kontrollierten Feuer, dank denen indigene Völker in für europäische Verhältnisse feindlichen Umgebungen zu überleben und nachhaltig zu wirtschaften vermochten. In Australien wurden bis in die 1940er-Jahre Überreste und Artefakte der Aborigines gestohlen und illegal in alle Welt ausgeführt. Infolge von Kampagnen und dem Australian Indigenous Repatriation Program sind seit 1990 mehr als 1.480 Objekte zurückgegeben worden, davon über 1.200 aus Großbritannien. Museen in und außerhalb von Australien besitzen Hunderttausende Aboriginal-Artefakte, die vielfach unter dubiosen Umständen erworben wurden und Gegenstand von Verhandlungen zwischen ihnen und indigenen Gemeinschaften sind.

Das Fachgebiet der Ethnobotanik bzw. im weiteren Sinn der Ethnobiologie hat sich in überlappenden Phasen fortentwickelt, die je von bestimmten Hauptfragestellungen und -trends geprägt waren. Lag der Fokus der ersten Phase auf Nützlichkeit, ging es in der zweiten unter Einbeziehung von Linguistik und Psychologie zur Untersuchung lokaler taxonomischer Systeme eher um kognitive Aspekte. In der dritten Phase lag der Schwerpunkt zunehmend auf dem traditionellen ökologischen Wissen und dessen Anwendung. Im späten 20. und frühen 21. Jahrhundert brachte ein verstärktes Bewusstsein für die Rechte der indigenen und lokalen Völker das Fachgebiet in eine vierte Phase, in der darauf geachtet wurde, den Hütern traditionellen Wissens die Kontrolle darüber zu überlassen, wie sie ihr Wissen erlangen, teilen und nutzen wollen. Eine fünfte Phase der Ethnobiologie hat die interdisziplinäre Zusammenarbeit bei humanökologischen Problemen wie z. B. dem Klimawandel betont. Seit ein paar Jahren schlagen viele Ethnobiolog*innen den Übergang in eine sechste Phase vor, in der das Fach – und mit ihm seine Institutionen, Projekte und Forschungsvorhaben – in Anerkennung fortdauernder kolonialer Kräftespiele infolge eines „Neokolonialismus“ bezüglich Machtdynamiken, ökonomischer Ausbeutung und Ungleichheit, ethnischer Herkunft und Klasse aktiv „dekolonisiert“ werden solle.

BIOKULTURELLE DIVERSITÄT

Fortress-Naturschutzmodelle haben zur Zwangsumsiedlung lokaler und indigener Völker geführt. Insbesondere in Afrika und Asien eignen sich Regierungen und Naturschutz-NGOs im Namen des Naturschutzes Gebiete an, die ethnischen und lokalen Gemeinschaften gehören. Indigene Völker machen zwar nur 5 % der Weltbevölkerung aus, hüten erwiesenermaßen aber 80 % der Biodiversität der Erde und sind mit ihrem Naturschutz ebenso erfolgreich wie oder erfolgreicher als der konventionelle Naturschutz.

Der berühmte Naturforscher John Muir (1838–1914), der im 19. Jahrhundert den kalifornischen Yosemite-Nationalpark mit gegründet hat, betrachtete die dortige schöne Landschaft als „makellose Wildnis" – einen nicht von Menschen bewohnten Ort, den es für künftige Generationen zu erhalten gelte – und begriff nicht, dass diese Landschaft schon seit Jahrtausenden von Native Americans geformt und bestellt worden war, insbesondere mithilfe von Feuer. Um für den Nationalpark Platz zu schaffen, wurden die in Yosemite lebenden Native-American-Völker von ihrem Land vertrieben. Frühe Fotografien des Parks zeigen viel größere Bestände der Kalifornischen Schwarzeiche (*Quercus kelloggii*) als die heutigen: In diesen Baumgärten erntete man die Eicheln und die essbaren unterirdischen Speicherorgane von Geophyten, wie z. B. die Wurzelknollen der Orchidee *Platanthera elegans*, die wichtige Nahrungsquellen waren. Nachdem das kontrollierte Brennen über hundert Jahre lang nicht mehr vorgenommen worden war, um Yosemite zu „schützen", war die Landschaft anfälliger für zerstörerische Wildfeuer, das ausgewogene Ökosystem gestört und die Biodiversität reduziert.

Seit dem ersten internationalen ethnobiologischen Kongress im brasilianischen Belém 1988 wächst das Bewusstsein für die untrennbaren Verflechtungen von Artenvielfalt, Sprachen und kultureller Diversität. Das Wort, mit dem diese miteinander verbundenen Erscheinungsformen des Lebens im Rahmen eines komplexen sozioökologischen, anpassungsfähigen Systems auf den Begriff gebracht werden, lautet „biokulturelle Diversität". Ethnobotanisches Wissen ist ein wichtiger Bestandteil davon.

Viele Studien zeigen starke Wechselbeziehungen zwischen den Gefahrenherden für die Artenvielfalt und für Sprachen auf. Artenvielfalt und Sprachen sind parallel bedroht; bis zum Ende dieses Jahrhunderts werden voraussichtlich 50–90 % der Letzteren aussterben. Die gefährdetsten Sprachen werden von indigenen Völkern gesprochen, und zwar von relativ wenigen Menschen in begrenzten Gebieten. Gefährdete Sprachen werden vielfach in Gegenden mit besonders vielen vom Aussterben bedrohten Arten gesprochen. Auch wenn das Zusammentreffen von Sprachen und Biodiversität vermutlich komplexe und je ortsspezifische Gründe hat, dürfte es angesichts ihrer starken Wechselwirkung eine funktionelle Verbindung zwischen beiden geben.

Sprache ist ein wichtiges Mittel zur Bewahrung lokalen Umweltwissens samt den zugehörigen, die Artenvielfalt erhaltenden Landbewirtschaftungsmethoden. So kennen etwa die indigenen Sprachen Nordaustraliens mehr Jahreszeiten als die simple Feucht-trocken-Zweiteilung der europäischstämmigen Australier. Die Jahreszeiten werden entsprechend den Signalen verschiedener Arten definiert, etwa spezieller „Kalenderpflanzen", die anzeigen, wann mit gezielten Bränden eingegriffen werden muss, um die Brennstofflast zu reduzieren und so das Risiko für zerstörerische Wildfeuer zu senken. Kalenderpflanzen signalisieren auch den passenden Zeitpunkt für die Ernte bestimmter Nahrungsquellen sowie den Erhalt von Beständen und deren nachhaltige Nutzung. In Nordamerika gibt es in lokalen Sprachen der First Nations im gemäßigten Regenwald Westkanadas und der USA Ausdrücke für die Entnahmezeiten wilder Pflanzen und Tiere, die auf Signalen von Arten basieren.

Gefährdete Sprachen sind auch mit medizinischem Wissen verknüpft. So zeigte eine regionale Studie, die sich auf den Amazonas, Neuguinea und Nordamerika konzentriert, dass 75 % der Heilpflanzenverwendungen in nur einer Sprache bekannt sind. Da indigenes traditionelles Wissen meist mündlich überliefert wird, verschwindet mit einer Sprache auch das in ihr aufgehobene kulturelle Wissen.

WECHSELSEITIGKEIT UND KINZENTRISCHE ÖKOLOGIE

Ein wichtiger Grundsatz vieler indigener Völker weltweit ist Reziprozität. Sie betrachten sich als in einer wechselseitigen Beziehung mit dem Planeten Erde und anderen Lebewesen lebend und als Teil eines großen, komplexen Verwandtschaftssystems (*kinship system*), das alle natürlichen Elemente eines Ökosystems umfasst. Legt man dieser Beziehung eine „kinzentrische" Ökologie zugrunde, verhilft das mit zur Verbesserung und Erhaltung des Ökosystems. Den Begriff „kinzentrische Ökologie" führte der Native-American-Ethnobotaniker Enrique Salmón ein. Er stammt vom Rarámuri-Volk der östlichen Sierra-Madres-Berge bei Chihuahua in Mexiko, einer der artenreichsten Gegenden der Welt. Dort gedeihen zahlreiche Nahrungs- und Heilpflanzen, darunter Landrassen präkolumbianischer Feldfrüchte und die wilden Verwandten domestizierter Pflanzen, wie z. B. Agaven-, Zucchini-, Steinfrucht- und Nachtschattengewächs-Arten. Der Rarámuri-Theorie *iwígara* zufolge teilt alles Leben denselben Atem und ist in einem steten Kreislauf verbunden. Ein anderes Rarámuri-Wort, *numati*, schließt im wörtlichen Sinn die Verwandten in der Natur ein.

Laut Schöpfungserzählungen der Rarámuri bestanden die Menschen in einer früheren Welt z. T. aus Pflanzen. Als die Rarámuri in der gegenwärtigen Welt erschienen, kamen einige dieser Pflanzenwesen mit und leben heute als Menschen anderer Art. Pflanzen wie z. B. Peyote (*Lophophora williamsii*), Mais (*Zea mays*), Weißer Stechapfel (*Datura stramonium*) und Kaiserwinde (*Ipomoea* spp.) gelten bei ihnen ebenso als Menschen wie Krähen, Bären und Hirsche – somit als enge Verwandte.

Auch „More-than-human"-Geschöpfe als Verwandte zu betrachten erzeugt ein Gefühl familiärer Verbundenheit und Zuneigung und das Bedürfnis, sie zu hegen und zu pflegen. Ein solches Verständnis von Verwandtschaft ist nicht auf indigene Völker beschränkt: Forscher*innen haben die Hypothese aufgestellt, dass vor etwa 2 Mrd. Jahren alle eukaryotischen Organismen (Tiere, Pilze, Pflanzen und Einzeller) einen gemeinsamen Vorfahren hatten. Pflanzen und Menschen sind miteinander verwandt, wenn auch sehr entfernt.

Wissenschaftler*innen wissen auch, dass die Hominiden sich jahrtausendelang koevolutionär mit den Pflanzen entwickelt haben: Die Schädelformen der frühen Menschen zeugen von ihrer Ernährung, besonders bezüglich des Pflanzentyps, den sie aßen; der Mensch ist anders als die meisten Tiere nicht in der Lage, selbst Vitamin C zu biosynthetisieren, und muss es in Form von Nahrung zu sich nehmen; und die Domestizierung von Pflanzen hatte einen großen kulturellen Wandel vom Jäger-und-Sammlerleben zu Agrargesellschaften zur Folge. Aufgrund der Selektion erwünschter Eigenschaften machten Feldfruchtarten genetische Veränderungen durch, sodass sie sich heute von ihren wilden Vorläufern unterscheiden. Viele Kulturpflanzen sind unfähig, in der Natur zu überleben und sich gegen andere Arten zu behaupten, und für ihr Überleben auf den Menschen angewiesen.

Wenn wir uns als von der Natur abgetrennt betrachten, entkoppeln und entfremden wir uns von ihr, was als „Natur-Defizit-Syndrom" bezeichnet wird. Es geht mit „Pflanzenblindheit" einher, der charakteristischen kognitiven Verzerrung, aufgrund derer Menschen Pflanzen ignorieren, weder sie selbst noch ihre Bedeutung für die Biosphäre wertschätzen und sie für minderwertiger halten als Tiere. Pflanzen werden oft als unbelebte Objekte statt als Lebewesen angesehen. Diese Verobjektivierung legitimiert Vorherrschaft und Ausbeutung.

BIOPROSPEKTION UND BIOPIRATERIE: KOMMERZIALISIERUNG DES HEILIGEN

Unter Bioprospektion versteht man den Prozess der Identifikation und Kommerzialisierung biologischer Produkte inklusive der pflanzlichen Leitsubstanzen zwecks Entwicklung neuartiger Medikamente für die Pharmaindustrie. Die

Nutzung traditionellen medizinischen Wissens bei der Identifizierung potenzieller Ableitungen verringert die Zahl der Schritte bei der Wirkstoffentdeckung, schafft aber komplexe soziale, ethische und politische Probleme. Dazu gehören Fragen der geistigen Eigentumsrechte, des Vorteilsausgleichs und der ungleichen Machtverhältnisse zwischen Bioprospektoren und den Hütern des traditionellen Wissens. Wenn Heilpflanzen oder andere biologische Ressourcen samt dem zugehörigen Wissen indigener oder lokaler Gemeinschaften in unfairer Weise ausgebeutet werden, ohne dass die Gewinne aus ihrer Kommerzialisierung gerecht geteilt werden, spricht man von „Biopiraterie". Beispiele dafür sind z. B. Patente für agrochemische Produkte auf der Basis des Niembaums (*Azadirachta indica*, s. S. 185) oder die Aneignung von Wissen der San, wie man aus einem *Hoodia-gordonii*-Extrakt (s. S. 157) ein Schlankheitsmittel gewinnt.

Die internationale Biodiversitäts-Konvention und das 2010 verabschiedete Zusatzabkommen (Nagoya-Protokoll) enthalten Regelungen bezüglich des traditionellen Wissens indigener und lokaler Gemeinschaften zur Nutzung genetischer Ressourcen. Mit dem Ziel, die geistigen Eigentumsrechte der Hüter des traditionellen Wissens zu schützen, stellen sie den rechtlichen Rahmen zur Verfügung, der sicherstellen soll, dass die Gemeinschaften nach Inkenntnissetzung vorab ihre Zustimmung geben und der Vorteilsausgleich fair und gerecht ist.

Historisch gesehen haben Kolonisatoren und Unternehmen zwecks Profitmaximierung geistige Eigentumsrechte angewandt, die auf eurozentrischen Vorstellungen von Besitz, Eigentum, Wissen und Urheberschaft beruhen, und mittels Bioprospektion Produkte patentiert. 2020 waren 6,2 % der Pflanzenarten mit Patenten verknüpft, darunter 7.595 medizinische und 2.941 kosmetische. Einige Forscher*innen haben für naturbasierte Lösungen plädiert, um die Nutzung des Patentsystems zur Kommerzialisierung neuartiger pflanzlicher Produkte auszuweiten, mit der Begründung, das könne dazu beitragen, Hüter traditionellen Wissens aus der Armut zu holen und einen Anreiz für die Bewahrung von Pflanzen zu bieten. Ökonomische und utilitaristische Modelle der Natur, die indigene und ganzheitliche Konzepte und Weltbilder untergraben, bergen jedoch das Risiko, eine asymmetrische Beziehung zur Natur zu erzeugen – eine eher ausbeuterische als fürsorgliche, eher einseitige als wechselseitige Beziehung.

Die Kommerzialisierung von Pflanzen und eine erhöhte weltweite Nachfrage, insbesondere nach wild wachsenden Heilpflanzenarten, können zu Raubbau und so zur Gefährdung der Bestände führen. Schätzungen zufolge werden aktuell 60–90 % aller Heil- und Duftpflanzen im Handel wild geerntet. Da die Nachfrage nach pflanzlichen Inhaltsstoffen steigt, werden traditionelle, nachhaltige Erntemethoden durch intensivere, umweltschädliche ersetzt. Für manche ländlichen Populationen ist die Ernte von Heilpflanzen eine wichtige oder sogar die einzige Unterhaltsquelle, sie bekommen aber oft nur einen winzigen Bruchteil der letztlich mit ihnen erzielten Verkaufserträge. Wird eine Pflanze seltener, steigt ihr kommerzieller Wert, was eine positive Rückkopplungsschleife auslöst und die Gefährdung der Art erhöht. Der internationale Handel mit etwas über 1.280 Heilpflanzenarten wird durch Ergänzungen zum Washingtoner Artenschutzübereinkommen (CITES) geregelt, das für einen gewissen Schutz sorgt. Mit Seltenheit geht oft auch eine unbeabsichtigte oder vorsätzliche Ersetzung oder Verfälschung von Material einher, die zu erhöhten Sicherheitsrisiken für die Konsumenten führen können.

Ethnobotanische Denkansätze, die die lokale Bevölkerung stärken, können innovative Ideen zur Lösung einiger der komplexen Probleme rund um die Kommerzialisierung von Pflanzen und pflanzlichen Produkten vorantreiben. Insbesondere kann die Verknüpfung lokaler und wissenschaftlicher Kenntnisse wirksame biokulturelle Schutzstrategien zugunsten einer nachhaltigen Nutzung von Pflanzen unterstützen. So heißt es in der Declaration of Kaua'i (eines ethnobotanischen Gipfeltreffens im National Tropical Botanical Garden in Kaua'i 2007): „Die Ethnobotanik kann unsere Verbindungen zur Natur stärken. Durch sie können wir aus der Vergangenheit und den heute in den verschiedenen menschlichen Kulturen existierenden Herangehensweisen an Pflanzen lernen. Die Ethnobotanik ist zugleich ein wichtiger Schlüssel zur Bewahrung der Vielfalt der Pflanzen und zum Erfassen und Verständnis des Wissens, das uns befähigt und befähigen wird, auf globaler Ebene effektiv und nachhaltig mit ihnen umzugehen. Somit ist die Ethnobotanik die Wissenschaft vom Überleben."

DIE FÄHIGKEITEN DER PFLANZEN UND DIE HEILUNG VON LAND

Viele indigene und traditionelle Völker wissen aufgrund ihrer Verbindungen mit der und ihrer Kenntnisse über die Natur, was Pflanzen alles können. Und immer mehr Studien kommen zu Ergebnissen, die denen unserer indigenen Kolleg*innen ähneln. Sie legen die Vermutung nahe, dass Pflanzen insofern eine angeborene Intelligenz besitzen, als sie in der Lage sind, zu kommunizieren, Verwandte zu erkennen, sich zu erinnern und mit anderen Arten zu kooperieren – was unsere Vorurteile infrage stellt.

Wir werden uns auch zunehmend der Fähigkeit von Pflanzen bewusst, geschädigte Ökosysteme zu heilen und zu erneuern. Der Gewöhnliche Stechginster (*Ulex europaeus*) ist in Neuseeland nicht heimisch und gilt dort als invasives Weideunkraut. Doch auch dank ihm erholte sich im Hinewai-Reservat infolge einer „Minimaleingriff"-Strategie der heimische Wald: Der Stechginster bildete eine Schutzschicht für die heimischen Schösslinge und band Stickstoff in der Erde. Werden die Bäume größer und beschatten ihn, stirbt er ab und lässt so heimischen Wald nachwachsen. Andere invasive Arten wie z. B. die Wasserhyazinthe (*Pontederia crassipes*), die außerhalb ihres natürlichen Verbreitungsgebiets vielerorts als aggressives Unkraut gilt, können für die Entfernung schädlicher Schwermetalle und anderer Verunreinigungen aus Wasserläufen genutzt werden.

Die Erde und die auf ihr existierenden Lebewesen, die menschlichen und die „more-than-human", haben viel zu erzählen – wir müssen nur zuhören und uns erinnern. Natur und Kultur zu verflechten kann die Artenvielfalt fördern. Trennen wir uns hingegen von der Natur ab, verlieren wir etwas – nicht nur Arten, sondern auch das Bewusstsein dafür, wer wir sind: nämlich ein Teil von ihr.

Nonibaum (*Morinda citrifolia*), aus:
Indigenous Flowers of the Hawaiian Islands (1885) von Isabella Sinclair.

1

NORD-
AMERIKA

Die exakten Zeitpunkte der Besiedlung Nordamerikas sind umstritten; im Gespräch sind verschiedene Chronologien und Migrationsrouten. Der erste schriftliche Bericht über eine Landbrücke zwischen Asien und Nordamerika stammt von 1590; vom spanischen Missionar José de Acosta (1539–1600), der vermutete, Jäger aus Asien seien über eine schmale Meerenge im hohen Norden nach Nordamerika gelangt. Diese Beringstraße-Theorie setzte sich im 20. Jahrhundert weitgehend durch und schloss auch Menschen ein, die während der Würm-Kaltzeit aus Sibirien eingewandert sein sollen, als die Meeresspiegel viel niedriger waren. Aufgrund der Datierung von Speerspitzen, die in Clovis, New Mexico, entdeckt wurden, mußmaßte man, dass Menschen zuerst vor etwa 13.500 Jahren auf den Kontinent gewandert sind.

2021 berichteten Archäologen dann aber von vielen menschlichen Fußabdrücken, die auf freiliegenden Felsen im White Sands National Park in New Mexico entdeckt worden waren und schätzungsweise ca. 23.000–21.000 Jahre alt sind. Sie deuten darauf hin, dass während des Letzteiszeitlichen Maximums über 2000 Jahre lang Menschen in Nordamerika südlich der Barriere der nördlichen Eismassen lebten. Diese Zeit fällt mit einer rapiden Erwärmung der nördlichen Hemisphäre (von Klimatologen „Dansgaard-Oeschger-Ereignis 2“ genannt) zusammen, die die Seespiegel senkte und so Oberflächen zutage förderte, auf denen sich Menschen und Großfauna fortbewegen konnten; sie schufen die in geologischen Aufzeichnungen festgehaltenen Pfade. Aber nicht alle Wissenschaftler*innen halten die geschätzte Datierung der Fußspuren für zutreffend; zudem ist unklar, ob die Menschen, von denen sie stammen, Vorfahren der heutigen Native-American-Völker sind.

Eine andere Migrationsroute, die vorgeschlagen wurde und vermehrt Zustimmung erfährt, ist eine maritime: Menschen seien an den Küsten und den Rändern der großen Gletscher, die in der Würm-Kaltzeit den nördlichen Teil Nordamerikas bedeckten, entlanggefahren und so ins Land vorgedrungen. Aufgrund genetischer und sprachlicher Belege ist man sich heute darin einig, dass es mindestens drei urzeitliche Migrationen nach Nordamerika gab. Eine der Gruppen waren die Athabasken, zu denen die Vorfahren der Tolowa, der Navajo und der Apachen gehörten. Laut mündlich überlieferten Geschichten der Tolowa, die heute im südlichen Oregon und nördlichen Kalifornien leben, kamen ihre Vorfahren einst in Kanus von Norden her. Die Küstenvölker der Athabasken waren Teil eines ausgedehnten Handelsnetzwerks mit saisonalen Wanderbewegungen, wie z. B. Fischfanglagern im Sommer, in denen sie auch Erdbeeren pflückten und Otter jagten. Später im Jahr zogen sie zum Küstengebirge am Pazifik, um dort Pflanzen für die Korbflechterei zu ernten und Elche zu jagen. Anthropolog*innen meinen, dass die Navajo- und Apachenvölker bis irgendwann zwischen 1200 und 1500 in den nördlichen Regionen Nordamerikas (d. h. in Alaska, Westkanada und an der nordwestlichen Pazifikküste) lebten und dann in die südwestliche Region wanderten, in der ihre heutigen Territorien liegen.

Zu einer zweiten urzeitlichen Migrationsgruppe gehörten die Vorfahren der Inuit und der Bewohner der Aleuten-Inseln, und die dritte bestand wohl aus den Vorfahren der meisten heutigen Native Americans. Die Entdeckung der schätzungsweise 8.400–8.690 Jahre alten Überreste des Kennewick-Manns (bei den Native Americans „Ancient One") in Kennewick in Washington 1996 führte zu einer Kontroverse (und einem Rechtsfall) über den Umgang mit ihnen wie auch zu Spekulationen über seine ethnische Zuordnung. Anfängliche morphologische Schädeluntersuchungen zeigten Ähnlichkeiten mit den Ainu, einem indigenen Volk in Japan, oder mit Polynesiern. Genanalysen zufolge war er aber enger mit den heutigen Native Americans als mit jeder anderen Population der Welt verwandt, was belegt, dass die indigenen Nordamerikaner durchgehend seit mindestens acht Jahrtausenden existieren.

Einige der urzeitlichen Migrationen nach Nordamerika gingen vielleicht nicht von Asien aus. Neue Analysemethoden, insbesondere unter Einbeziehung genetischer Daten, werden unser Wissen über die Wanderungen, Zeitpunkte und ethnischen Zuordnungen erweitern. In jedem Fall erweist sich die Besiedlung Nordamerikas als zunehmend komplex und dynamisch.

Zwar bleibt unklar, wann und wie viele verschiedene Migrationen nach Nordamerika vor dem späten 15. Jahrhundert stattfanden; klar ist aber, dass die sich entwickelnden Gemeinschaften und Kulturen vielfältige, von ihrem jeweiligen Lebensumfeld geprägte materielle Kulturen aufwiesen. Während manche vorwiegend in der Natur nach Essbarem suchten und in ihrer direkten Umgebung Nahrung, Kleidung und Schutz fanden, jagten andere und folgten z. B. Büffel- oder Rentierherden. Am Nordwestpazifik und in Alaska waren die Menschen auf Lachs und andere Fische angewiesen, und am Meer lebende Gruppen jagten Wale, Seehunde und Walrösser. 1492 betrieben viele Native-American-Völker auch Landwirtschaft; sie bauten meist Mais und andere Feldfrüchte wie Kürbisse oder Bohnen an.

Infolge der Kolonisierung durch Europäer machten die indigenen Populationen samt ihren Gesellschaften und Kulturen gravierende Veränderungen durch. Das Einschleppen von Krankheiten, wie Pocken, Masern oder Typhus, führte zur Dezimierung der Bevölkerung. Auch Kriege und Genozidvergehen trugen zum Rückgang der Native-American-Bevölkerung bei, die Anfang des 20. Jahrhunderts auf rund 375.000 Menschen gefallen war. Die Native Americans wurden in Reservate im Oklahoma Territory, im Indian Territory und anderswo getrieben. Im Zuge des „Pfads der Tränen" wurden etwa 60.000 Native Americans in das ihnen zugewiesene Territorium zwangsumgesiedelt, darunter die Nationen der Choctaw, der Cherokee und der Seminolen. Auf dem Weg starben Tausende. Die staatliche Unterdrückung der Native Americans, die mit berüchtigten Massakern einherging – darunter das am Wounded Knee in South Dakota im Dezember 1890 –, ließ spirituelle Bewegungen wie die Geistertanzbewegung und die Peyote-Religion entstehen.

Heute leben in den USA über 5 Mio. Native Americans und in Kanada über 1 Mio. First-Nations-Menschen. Mehrere ethnobotanische Forschungsprogramme widmen sich in Zusammenarbeit mit den indigenen Völkern Nordamerikas dem Sammeln, Dokumentieren und Teilen von Informationen zur aktuellen und historischen traditionellen Verwendung von Pflanzen, damit dieses Wissen an zukünftige Generationen weitergegeben werden kann.

WISSENSCHAFTLICHE NAMEN:
Anthoxanthum nitens; *A. monticola*

FAMILIE:
Poaceae (Süßgräser)

DEUTSCHE TRIVIALNAMEN:
Duftendes Mariengras; Duft-Mariengras; Vanillegras; Süßgras; Bisongras

ENGLISCHE TRIVIALNAMEN:
holy grass; Mary's grass; manna grass; vanilla grass

INDIGENE NAMEN:
sipátsimo (Siksika / Blackfoot); wiingaashk (Ojibwe); xásxast („gut-gut", Nlaka'pamux / Thompson)

NATÜRLICHES VERBREITUNGSGEBIET:
Nordamerika und Eurasien

HABITATE:
Feuchtgebiete; Überschwemmungsgebiete; Sumpfgebiete; Berghänge; Straßenränder

LEBENSFORM:
ausdauernder krautiger Geophyt (mit unterirdischen Speicherorganen ausgestattet)

VERWENDUNGEN:
Medizin; zeremoniell / spirituell; Weihrauch; Parfüm; Insektenmittel; Korbwaren; destillierte Getränke

---

MARIENGRAS

Das nach seinem süßen Geruch benannte Duftende Mariengras, ein mehrjähriges Gras, hat bei vielen indigenen Völkern Kanadas und der USA (oft als First-Nations-Völker bzw. Native Americans bezeichnet) große kulturelle Bedeutung. Es wird sehr verehrt und gilt als eine untrennbar mit Kulturpraktiken, Identität und Umwelt verbundene „kulturelle Schlüsselart". Die Pflanze wird als heilig erachtet und daher bei Ritualen, außerdem als Material für Korbwaren, Arzneien und Insektenmittel verwendet sowie bei Räucherzeremonien (*smudging*) und wegen ihres Duftes verbrannt.

Früher unterschiedlichen Arten der Gattung *Hierochloe* zugeordnet, wird sie inzwischen von Botaniker*innen in Kew aufgrund aktueller taxonomischer Studien zur Gattung *Anthoxanthum* gezählt. Sie hat eine große zirkumpolare Verbreitung und wächst, oft in dichten Horsten, in diversen Habitaten, von Küsten- bis zu Bergregionen.

Auf den Britischen Inseln kommt sie nur an einigen Standorten in Nordengland, Nordirland und Schottland vor. Interessanterweise gedeiht sie an altnordischen Kirchenstandorten auf den Orkneyinseln: In Nordeuropa streute man einst an Festtagen Mariengras auf die Böden und vor die Türen von Kirchen. In manchen Regionen verband man es mit der Jungfrau Maria, worauf sein deutscher Name zurückgeht. Laut dem berühmten schwedischen Botaniker Carl von Linné (1707–1778) hängte man es für besseren Schlaf über Betten auf.

Mariengras wird in der Regel bis zu 55 cm hoch und hat kriechende Rhizome (Erdausläufer) und schmale, längliche Halme mit 18–30 cm langen und 4–10 cm breiten, am Ansatz oft rötlich gefärbten Blattspreiten. Die glatten Stiele haben leicht raue Kanten.

Die kleinen, gelbgrünen Blüten stehen in Ährchen an der Spitze kahler Stiele. Die kleine, trockene Frucht enthält einen einzelnen, mit der Fruchtwand verwachsenen Samen. Da er oft unfruchtbar ist, keimt er nur selten. Das Gras pflanzt sich überwiegend vegetativ mittels seiner horizontalen Rhizome fort, aus deren Knoten sich neue Triebe und Wurzeln bilden, sodass dichte, miteinander verbundene Horste entstehen. Die Rhizome speichern Energie und Wasser, die das Gras weniger anfällig für Umweltbelastungen machen, und können zwecks Gewinnung neuer Pflanzen geteilt werden.

Die Pflanzen werden gezielt während der Wachstumsperiode in den Sommermonaten geerntet, nicht, wenn sie blühen oder Früchte tragen. Indigene amerikanische Fachleute versichern, dass traditionelle Erntemethoden zum Erhalt der Bestände beitragen. Zu den althergebrachten Landbewirtschaftungsmethoden gehört das regelmäßige kontrollierte Abbrennen der Mariengraswiesen alle paar Jahre, das deren Produktivität steigert und verhindert, dass andere Pflanzenarten das Gras verdrängen. Ohne Feuer oder andere Störungen würden aus Wiesen allmählich Wälder werden.

Mariengras hat einen vanilleähnlichen Duft, den mehrere indigene Völker Nordamerikas für Düfte nutzten. Die Nlaka'pamux (früher Thompson-River-Volk genannt) in British Columbia z. B. stellten daraus unter Beimischung von Hirschfett, gekochten Tannenzweigen und den Blättern einer Laubpflanze einen Haarduft her. Die Cheyenne (deren Vorfahren im Gebiet der Großen Seen lebten) machten daraus ebenfalls ein Parfüm, indem sie es mit den zerriebenen trockenen Blüten der Strahlenlosen Kamille (*Matricaria discoidea*), Tanne oder Zuckerkiefer und Pferdeminze (*Monarda punctata*) mischten.

Die Salish (Flathead) in Montana und die Siksika (Blackfoot) in Alberta nutzten Mariengras als Insektenmittel, indem sie die Blätter zu langen, dicken Zöpfen flochten und wie Weihrauch verbrannten oder zwischen Kleidung legten. Die Kiowa der Great Plains stopften damit Kissen und Matratzen aus, die so nicht nur dufteten, sondern auch Stechinsekten fernhielten.

Duftendes Mariengras (*Anthoxanthum nitens*), aus:
Farm Weeds of Canada (1906) von George H. Clark.
(In der Illustration wird das Synonym *Hierochloe borealis* verwendet.)

Der süße Vanillegeruch des Grases wird vom darin enthaltenen aromatischen Kumarin hervorgerufen, das insektizide Eigenschaften hat; wissenschaftlichen Studien zufolge hält es Mücken vom Stechen ab. Aus Kumarin wird auch Warfarin hergestellt, ein Blutverdünner, den man Patienten vorbeugend gegen Blutgerinnsel verabreicht, insbesondere bei Operationen. Darüber hinaus ist es ein Rattengift.

Bekannt ist das Mariengras auch für seine Verwendung in der Korbflechterei; aus den geflochtenen und gebogenen elastischen Halmen entstehen kunstvolle Gegenstände. Mehrere indigene Gruppen, darunter die Xa'islak'ala (Haisla) an der Nordküste British Columbias, die Haudenosaunee (Irokesen) in der Region um die Großen Seen und die Menominee in Wisconsin und Michigan, webten daraus u. a. Körbe und Matten.

Eine der verbreitetsten Zeremonien, bei denen Mariengras zum Einsatz kommt, ist das *smudging* (Ausräuchern), ein Reinigungsritual, bei dem die trockenen Blätter verbrannt werden – oft in Zopfform, manchmal auch mit anderem heiligem Pflanzenmaterial (z. B. Zeder) zusammengebunden. Der Rauch wird der Person, dem Ort oder dem Objekt zugefächelt; er soll reinigend wirken und Negatives vertreiben. Das Gras wird auch bei Schwitzhüttenzeremonien zur spirituellen und körperlichen Heilung sowie bei Friedensritualen verwendet.

Die Kiowa streuen getrocknete Mariengrashalme bei Peyote-Zeremonien (religiöse Rituale mit der als Sakrament geltenden halluzinogenen Pflanze Peyote, s. S. 40) zum Erzeugen einer Räucherwirkung ins Feuer. Die Siksika und die Lakota legen bei Gottesdiensten, wie etwa der Sonnentanz-Zeremonie, geflochtenes Mariengras auf den Altar und verbrennen es, was ihre Schutzgeister herbeiholen soll. Bei vielen indigenen Gruppen spielt das Gras bei Segnungen und Gebeten eine Rolle, so z. B. bei den Menominee, die es als Opfer für den Schöpfergott verbrennen. Der Rauch soll die Gebete in die übernatürliche Welt tragen. Bei den Cheyenne erhoffte man sich davon Schutz vor Blitz und Donner.

Es ist belegt, dass man Mariengras viel in der traditionellen Medizin genutzt hat, vor allem bei Atemwegsinfekten. So inhalierten z. B. die Siksika bei Erkältungen den Rauch brennender Mariengrashalme und tranken bei Husten und Halsschmerzen einen Aufguss. Die Flathead behandelten mit Mariengrastee Fieber und mit einem Aufguss aus Mariengras und den Samen der Wiesenraute verstopfte Nasen.

In Wasser eingeweichte Stiele verwendete man bei rissiger Haut und Windbrand sowie als Augenspülung. Schwangere Siksika-Frauen zogen sich direkt vor der Niederkunft mit Begleiterinnen in ein abgelegenes Tipi zurück und badeten dort als frischgebackene Mütter in mit Mariengras versetztem Wasser. Siksika-Männer behandelten mit einem Trank aus seinen Halmen Geschlechtskrankheiten.

Mariengras (*Anthoxanthum nitens*), aus: *Deutschlands Flora*, Bd. 1 (1796), von Jacob Sturm. (In der Illustration wird das Synonym *Hierochlia odorata* verwendet.)

Duftendes Mariengras (*Anthoxanthum nitens*), aus:
British Phaenogamous Botany, Bd. 2 (1835), von William Baxter.

Das Kauen von Mariengras erleichterte es, Zeremonien zu überstehen, die längeres Fasten einschlossen. Zudem wurde es für Haarwasser und zur Behandlung wundgerittener Pferde genutzt.

Heute kommt es in Duftkerzen, Badesalzen und Aromatherapien zum Einsatz und verleiht alkoholischen Getränken Geschmack, etwa einem polnischen Wodka, der auf einem Rezept aus dem 14. Jahrhundert beruhen soll und in Flaschen mit je einem Mariengrashalm darin abgefüllt wird.

Heute ist es wie viele andere Pflanzen in mehrfacher Hinsicht gefährdet, etwa durch das nicht traditionelle Ernten der wilden Bestände zur Befriedigung der kommerziellen Nachfrage, das nicht nachhaltig ist. Darüber hinaus ist es durch veränderte Bodennutzung, Unkräuter sowie Habitatverschlechterung infolge von Trockenlegung, Beweidung und der Intensivierung der Landwirtschaft bedroht.

SCHÖPFUNGSERZÄHLUNGEN

Das Mariengras kommt in Schöpfungserzählungen, wie der von der „Sky Woman Falling“, vor, die bei den Indigenen der Großen Seen in verschiedenen Versionen existiert: Einst gab es auf der Erde kein Land, nur Wasser und die darin lebenden Kreaturen. Über der Erde war die „Sky World“, wo mächtige menschenähnliche Wesen lebten. In ihrem Zentrum wuchs ein schöner Baum, der Baum des Lebens, der viele verschiedene Früchte und Blüten trug. Die Wesen der Himmelswelt durften ihn nicht stören, doch eines Tages bat eine schwangere Frau, deren Name so viel bedeutet wie „reife Blüte“, ihren Mann, ihr aus den Wurzeln des Baums einen Tee zu brauen. Als er die Erde um die Wurzeln herum aufgrub, brach der Boden ein, und ein riesiges Loch tat sich auf, durch das der Baum auf die Erde herabstürzte. Als Sky Woman sehen wollte, was geschehen war, rutschte sie das Loch hinunter – oder wurde laut anderen Versionen ins Loch gestoßen. Im Fallen griff sie hastig nach Samen, die um den Stamm herumlagen, und nahm sie mit auf die Erde. Mithilfe von Vögeln und anderen Tieren belebte Sky Woman die Erde mit grünen Pflanzen – und die erste, die man nutzte, war das Mariengras.

WISSENSCHAFTLICHE NAMEN: *Echinacea angustifolia; E. pallida; E. purpurea*

FAMILIE:
Asteraceae (Korbblütler)

DEUTSCHE TRIVIALNAMEN:
E. angustifolia: Schmalblättriger Sonnenhut; *E. pallida*: Prärie-Igelkopf; *E. purpurea*: Purpur-Sonnenhut

ENGLISCHE TRIVIALNAMEN:
E. angustifolia: coneflower, purple coneflower, American coneflower, black sampson, Kansas snakeroot, narrow-leaf coneflower; *E. pallida*: pale purple coneflower; *E. purpurea*: eastern purple coneflower

FRANZÖSISCHE TRIVIALNAMEN:
E. angustifolia: echinacée, echinacée à feuilles étroites; *E. purpurea*: echinacée pourpre

SPANISCHE TRIVIALNAMEN:
E. angustifolia: equinácea, equinácea angustifolia; *E. pallida*: equinácea pálida; *E. purpurea*: equinácea purpura

NATÜRLICHES VERBREITUNGSGEBIET:
E. angustifolia: W-Kanada bis nördliche mittlere USA; *E. pallida*: O-Kanada bis mittlere und östliche USA; *E. purpurea*: mittlere und östliche USA

HABITATE:
trockene bis feuchte Graslandschaften; Gebiete mit offenem Wald

LEBENSFORM:
Staude

VERWENDUNGEN:
Medizin; Dekoration; Farbstoff; Faser (Korbwaren); Notnahrung

---

SONNENHUT

Echinacea ist eine in Nordamerika heimische Gattung mit neun von Botaniker*innen anerkannten Arten, von denen nur die drei oben aufgeführten in der Medizin viel genutzt werden. Sie hat hübsche, gänseblümchenähnliche Blüten, die in der Regel aus rosa bis violetten, kronblattartigen Strahlenblüten um eine große, kegelförmige, rötlich braune Mitte aus Röhrenblüten bestehen (daher der Name Igelkopf). In jüngster Zeit haben moderne Züchtungen Blüten unterschiedlicher Form und Farbe hervorgebracht, sodass diverse im Handel erhältliche Sonnenhutsorten anders aussehen als die Wildform.

E. angustifolia wächst in den mittleren Great Plains westlich des Mississippi und lockt viele verschiedene Bestäuber an, darunter einheimische Bienen und Schmetterlinge. Als langlebige Staude kann sie bis zu 1 m hoch werden; sie hat einen behaarten, aufrechten Stängel und eine lange, holzige Pfahlwurzel. Ihre Blätter sind behaart und schmal lanzettlich mit glatten Rändern. Ein typisches Merkmal dieser Art ist ihr gelber Pollen, der sie vom weißen Pollen von *E. pallida* unterscheidet. Die schöne *E. angustifolia* blüht gewöhnlich in den Sommermonaten, von Juni bis August, und ist eine beliebte Zierpflanze.

E. purpurea wird ebenfalls als Zierpflanze eingesetzt und ist im europäischen Blumenhandel verbreiteter als *E. angustifolia*. Sie gedeiht in der freien Natur zwischen den hohen Präriegräsern Nordamerikas und hat ein größeres Verbreitungsgebiet als *E. angustifolia*. Anstelle einer holzigen Pfahlwurzel hat sie fleischige unterirdische Erdausläufer (Rhizome) und breitere, eher herzförmige Blätter.

E. pallida ähnelt im Aussehen *E. angustifolia* und hat wie diese eine lange Pfahlwurzel. Ihre Blüten zeigen sich vom späten Frühling bis in den Frühsommer und haben hellere, blass-rosaviolette bis fast weiße Strahlenblüten. Sie gedeiht im Mississippi-Tal, in den südöstlichen Great Plains und südlich des Lake Michigan.

Native-American-Völker behandeln mit *Echinacea* schon lange traditionell zahlreiche Krankheiten. Die Wurzeln von *E. angustifolia* werden zur Schmerzlinderung und als Entzündungshemmer verwendet. Die Siksika und die Cheyenne nahmen sie bei Zahnschmerzen und einen Aufguss aus den zerriebenen Blättern und Wurzeln bei Halsschmerzen. Die Cheyenne behandelten mit einem Sud aus den Wurzeln von *E. pallida* Pocken, Masern und Mumps. Zu den innerlichen Anwendungen von Sonnenhut zählten außerdem die Behandlung von Atemwegserkrankungen (wie Erkältungen und Grippe) und Verdauungsproblemen (wie Bauchkrämpfen und Magenverstimmungen) sowie als Wurmmittel. *E. angustifolia* und *E. pallida* wurden als Gegengifte bei Schlangenbissen und anderen Vergiftungen eingesetzt. Äußerliche Anwendungen schlossen das Auflegen auf Wunden, Verbrennungen und Stiche ein, was die Heilung befördern und Infektionen verhindern sollte.

Echinacea angustifolia, aus:
Curtis's Botanical Magazine, Bd. 87 (1861).

Diese traditionellen medizinischen Verwendungen von Sonnenhut zogen die Aufmerksamkeit europäischer Siedler in Nordamerika auf sich, und um 1880 kam unter dem Namen Meyers Blood Purifier („Meyers Blutreiniger“) das erste kommerzielle Präparat auf den Markt, ein Mittel gegen Rheumatismus, Neuralgie und Klapperschlangenbisse. Um 1900 war Sonnenhut das meistverwendete pflanzliche Präparat der USA, und 1939 wurde in Deutschland mit dem kommerziellen Anbau begonnen. Noch heute ist er ein beliebtes pflanzliches Mittel zur Immunstärkung und zur Behandlung von Erkältungen und Grippe. Klinische Nachweise belegen seinen Nutzen als Immunmodulator und zur Minderung der Schwere und Dauer von Erkältungen.

Eingeschränkte Beweise lassen vermuten, dass einige Native-American-Völker *Echinacea*-Pflanzen als Nahrungsquelle genutzt haben. So sollen z. B. die Cheyenne und andere Völker in den Plains die Wurzeln von *E. angustifolia* für Suppe geröstet oder gekocht haben, und die Blätter von *E. purpurea* wurden als Gemüse gegessen. In erster Linie verwendete man *Echinacea* aber für medizinische Zwecke; sein Verzehr war nicht sehr weit verbreitet und in der Regel auf Mangelzeiten beschränkt.

Überliefert ist auch, dass Sonnenhutarten als Material in der Korbflechterei genutzt wurden, allerdings nur bei bestimmten Völkern, vor allem denen des Großen Beckens, wie den Paiute und den Washoe. Dafür wurden von Wurzeln und Stängeln die Fasern abgezogen und zu Körben, Matten und anderen Gebrauchsgegenständen gewebt; gebräuchlicher waren allerdings andere Pflanzenarten.

Historischen Berichten früher europäischer Siedler und Händler zufolge verwendeten manche Native-American-Völker *Echinacea*-Arten auch als Färbepflanzen. So stellten die Dakota wohl aus den Wurzeln und Stängeln von *E. purpurea* einen rötlich braunen und aus den Blütenblättern von *E. pallida* einen gelben Farbstoff her. Dessen endgültige Tönung war abhängig von Konzentration und Typ der Pigmentverbindungen (Anthocyane, Flavonoide u. a.) der jeweiligen *Echinacea*-Art wie auch vom möglichen Zusatz von Beizen, doch darüber ist nur wenig bekannt. Aufgrund seiner begrenzten Verfügbarkeit und des Vorhandenseins anderer Farbstoffe wurde Sonnenhut nur in bestimmten Gegenden als Farbstoff verwendet und kaum übernommen.

Die vielfältigen Verwendungsweisen von Sonnenhutpflanzen werfen ein Schlaglicht auf den Einfallsreichtum der Native-American-Völker, ihre gründlichen Fachkenntnisse und ihre Fähigkeit, die Pflanzen ihrer unmittelbaren Umgebung nutzbar zu machen.

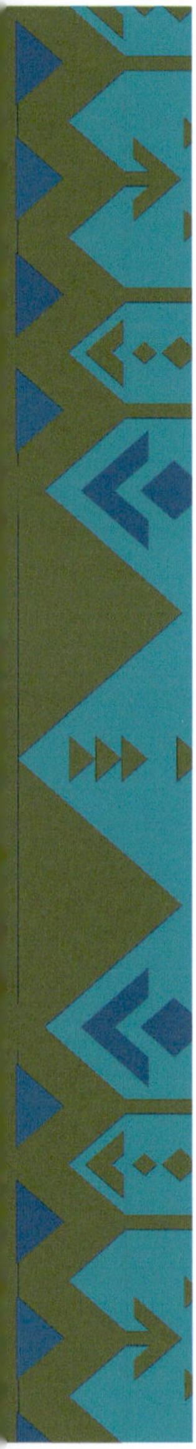

WISSENSCHAFTLICHER NAME:
Hamamelis virginiana

FAMILIE:
Hamamelidaceae (Zaubernussgewächse)

DEUTSCHE TRIVIALNAMEN:
Virginische Zaubernuss; Amerikanische Zaubernuss; Herbstblühende Zaubernuss; Virginischer Zauberstrauch; Hexenhasel; Virginia-Zaubernuss

ENGLISCHE TRIVIALNAMEN:
common witch hazel; American witch hazel; fall witch hazel; magician's rod; snapping hazel; tobacco wood

FRANZÖSISCHER TRIVIALNAME:
hamamélis de virginie

SPANISCHER TRIVIALNAME:
hamamelis

INDIGENE NAMEN:
bwa ode ét (Potawatomi); takwa'asherón:ni (Mohawk)

NATÜRLICHES VERBREITUNGSGEBIET:
O-Kanada bis mittlere und östliche USA sowie NO-Mexiko

HABITAT:
gemäßigte Laubwälder

LEBENSFORM:
kleiner laubabwerfender Strauch oder Baum

VERWENDUNGEN:
Medizin; Kosmetik; Nahrung und Getränke

ZAUBERNUSS

Ihrem englischen Namen *witch hazel* zum Trotz gehört diese Pflanze weder zu den Haseln (*Corylus* spp.), noch bedeutet *witch* in diesem Fall „Hexe". Aber ihre Blätter ähneln denen der Amerikanischen Haselnuss (*C. americana*), und *witch* soll auf das mittelenglische *wyche* (biegen; Flussbiegung) zurückgehen. Frühe amerikanische Kolonisten verwendeten die biegsamen, gegabelten Zweige als Wünschelruten, um im Boden Wasser oder wertvolle Metalle aufzuspüren. Die Zaubernuss wird schon lange in der traditionellen Medizin genutzt und ist heute ein FDA-zugelassenes rezeptfreies (OTC-), äußerlich angewendetes Medikament zur Linderung leichter Hautirritationen.

Der Zaubernussstrauch wird in der Regel bis zu 6 m (bei idealen Bedingungen bis zu 10 m) hoch, und aus seiner Basis wachsen zahlreiche schlanke Stämme. Die Rinde ist bei den jungen Pflanzen graubraun und glatt und wird mit zunehmendem Alter rauer und rissiger. Die Blätter sind gewöhnlich etwa 7–15 cm lang und 5–10 cm breit. Sie sind wechselständig (wachsen versetzt am Zweig) und oval oder elliptisch mit einem spitzen Ende und leicht asymmetrischer Basis. Ihre Ränder sind geschweift oder gezähnt mit flachen, wellenartigen Vertiefungen. Im Herbst färben sie sich goldgelb und rot – dann beginnt die Pflanze ungewöhnlicherweise zu blühen. Die Blüten sitzen in Büscheln in den Blattachseln und haben vier gelbe (manchmal orangefarbene oder rote), bandförmige, an den Spitzen gekräuselte Kronblätter, die erst mehrere Wochen nach Laubabwurf abfallen. Es wurde vermutet, dass *H. virginiana* derart spät blüht, weil sie so nicht mit der verwandten, ebenfalls in Nordamerika heimischen Haselart *H. vernalis* um Bestäuber konkurrieren muss.

Man hat Wintereulen-Nachtfalter der Gattung *Eupsilia* an den Blüten fressen sehen; sie gehören wohl zu den wichtigsten Bestäubern der Virginischen Zaubernuss. Aber auch Mücken und Bienen besuchen die Blüten. Zudem beherbergt die Zaubernuss die Larven des Tagfalters *Celastrina ladon*.

Die Blüten zeigen sich zur selben Zeit, wie die verholzten Fruchtkapseln des Vorjahrs reifen, die je ein oder zwei glänzend schwarze, essbare Samen enthalten, die innen weiß und ölig sind. Die Kapseln springen mit einem Knacken auf und schleudern die Samen bis zu 10 m weit.

Sie schmecken wohl nach Pistazie und sind eine wichtige Nahrungsquelle für Vögel; auch bei Native-American-Völkern der südlichen USA wurden sie verzehrt. Die Menominee (nach dem Ojibwe-Wort für „Volk des Wildreises"), ein Waldland-Volk aus dem Nordosten, verwendeten sie bei ihrer Medizinzeremonie als heilige Perlen. Die Cherokee brauten aus den Blättern und Zweigen einen Tee.

Native-American-Völker nutzten die Zaubernuss auch als vielseitige Heilpflanze, etwa bei Augenentzündungen, Hämorrhoiden, Hautirritationen (Bisse, Stiche und oberflächliche Wunden), Durchfall und Ruhr sowie Erkältungen. Die Osage behandelten mit der Rinde Hautgeschwüre, oberflächliche Wunden und Tumore, und die Cherokee verabreichten bei Tuberkulose einen Aufguss aus der Rinde. Sie wandten Aufgüsse auch innerlich zur Linderung von Menstruationsbeschwerden, zur Fiebersenkung und gegen Halsschmerzen an. Die Chippewa nutzten die Innenrinde als Brechreizerreger, insbesondere bei Vergiftung, und als Spülung bei Augenentzündungen.

Die Potawatomi legten bei ihren Schwitzhüttenzeremonien die Zweige auf die heißen Steine, weil der Dampf bei Muskelkater guttat, und die Menominee rieben schmerzende Gliedmaßen und Rücken mit einem Sud aus den gekochten Zweigen ein. Die Irokesen tranken bei blutiger Ruhr einen Tee aus der Rinde der Zweige und verwendeten Aufgüsse aus den jungen Zweigen als Husten- und Erkältungsmittel. Mit anderen Aufgüssen beugten sie starken Wochenbettblutungen vor und regulierten die Nieren. Die Mohegan brachten auf Schnitte, Blutergüsse und Insektenstiche sowie zur Regulierung der Nieren Aufgüsse aus den Blättern und Zweigen auf.

Vier nordamerikanische Pflanzen, unten rechts die Virginische Zaubernuss (*Hamamelis virginiana*). Illustrationen aus: *Hortus Britanno-Americanus* (1763) von Mark Catesby.

Virginische Zaubernuss (*Hamamelis virginiana*), aus: *Traité des arbres et arbustes qui se cultivent en France en Pleine Terre*, Bd. 7 (1819), von Henry Louis Duhamel du Monceau.

Die erste patentrechtlich geschützte Zaubernussarznei wurde Mitte des 19. Jahrhunderts entwickelt. Heute wird überall in den USA ein Wasserdampfdestillat aus frisch geernteten Zweigen mit 14 %-igem Alkoholzusatz als „Extrakt“ in Apotheken verkauft und ist Bestandteil von Hämorrhoidensalben. In Europa ist ein Wasser-Alkohol-Extrakt aus den Zweigen und Blättern verbreiteter. Die Beliebtheit der Zaubernuss als Naturheilmittel ist ungebrochen, und ihre adstringierenden Eigenschaften werden auch für zahlreiche Hautpflege- und andere Kosmetikprodukte genutzt.

PFLANZENINHALTSSTOFFE UND PHARMAKOLOGIE

Die Zaubernuss ist sehr tanninhaltig; die Blätter weisen bis zu 10 % Tannine auf, darunter Gallussäure und Hamamelitannin sowie Flavonoide und Proanthocyanidine. Wahrscheinlich sind diese Verbindungen für die beobachtete adstringierende, entzündungshemmende und blutstillende Wirkung verantwortlich. Die Rinde enthält 31-mal so viel Hamamelitannin wie der Blätterextrakt. Studien mit bestimmten Fraktionen des Zaubernussextrakts haben eine signifikante antivirale Aktivität gegen Herpes simplex Typ 1 gezeigt, und Zaubernuss-Tannine haben sich als zellschädigend für Dickdarmtumor- und Hautkrebszellen erwiesen. Auch wurde eine antivirale Aktivität gegen das Influenza-A-Virus und das humane Papillomavirus festgestellt.

WISSENSCHAFTLICHER NAME:
Lophophora williamsii

FAMILIE:
Cactaceae (Kakteengewächse)

DEUTSCHE TRIVIALNAMEN:
Peyote; Peyotl; Challote; Mescal; Schnapskopf

ENGLISCHE TRIVIALNAMEN:
cactus pudding; devil's root; divine cactus; mescal; mescal-button; peyote; turnip cactus; whiskey cactus

INDIGENE NAMEN:
peyotl (Nahuatl); hikuri / jicuri (Huichol / Wixárika); wok-wave (Comanchen)

NATÜRLICHES VERBREITUNGSGEBIET:
SW- und S-Texas bis NO-Mexiko (bis Jalisco)

HABITATE:
Trockenwüsten; Buschsavannen

LEBENSFORM:
fleischiger Halbstrauch

VERWENDUNGEN:
Medizin; rituell / zeremoniell; Nahrung

PEYOTE

Der Name dieser Pflanze geht auf das Nahuatl-Wort *peyotl* zurück, das „Seiden-" oder „Raupenkokon" bedeutet und sich auf ihre wollige Mitte bezieht. *Lophophora williamsii* ist ein kleiner, dornenloser Kaktus, der in der Chihuahua-Wüste und der Sierra-Madre-Occidental-Gebirgsregion der südwestlichen USA und des nördlichen Mexiko heimisch ist, wo er bei den indigenen Völkern als heilig gilt. Er wurde bei religiösen Ritualen als Sakrament verwendet; so nutzten z. B. die Azteken seine entheogenen Eigenschaften zur Verständigung mit ihren Göttern.

Die langsamwüchsige, ausdauernde Sukkulente wächst in Form eines graugrünen, abgeflacht kugelförmigen *button* („Knopf") mit langer Pfahlwurzel, die den Großteil der Pflanze ausmacht. Der oberirdische Trieb wird bei einem Durchmesser von 5–10 cm meist 2–7 cm hoch und ist außen glatt und fleischig. Er besteht aus fünf oder mehr unregelmäßig geformten Segmenten mit oben je einem kleinen, weißlichen Schopf. Erst nach 10–30 Jahren erscheinen, meist zwischen März und Juni, in ihrer Mitte zart duftende, gelblich weiße oder rosa Blüten. Sie blühen nur ein paar Tage lang und haben 7–20 von Hochblättern (modifizierte Blätter) umhüllte Kronblätter oder Strahlenblüten und in der Mitte einen von Staubblättern eingefassten, einzelnen Stempel. Die kleinen, fleischigen Beerenfrüchte sind zuerst grün und im reifen Zustand rosarot. Sie sind genießbar, aber bitter und psychoaktiv und werden daher von Menschen kaum verzehrt, bilden aber für die heimische Tierwelt eine wichtige Nahrungsquelle. Peyote ist gut an seine Wüstenumgebung angepasst und übersteht lange Zeiten der Dürre und Temperaturschwankungen.

Der Kaktus enthält verschiedene zu seiner psychoaktiven Wirkung beitragende Alkaloide, darunter den primären halluzinogenen Wirkstoff Meskalin (3,4,5-Trimethoxyphenethylamin). Bei einer naturalistischen oder religiösen Séance kann er veränderte Bewusstseinszustände hervorrufen, etwa Euphorie bewirken, das Wohlgefühl steigern oder die psychische Gesundheit verbessern, aber auch psychoseähnliche Symptome wie Wahnvorstellungen und Delirium erzeugen. Wegen seiner halluzinogenen Eigenschaften sind Besitz und Konsum von Peyote in Mexiko und einigen anderen Ländern untersagt. In den USA wurde Peyote zusammen mit anderen Psychedelika durch den Controlled Substances Act von 1970 verboten. Der American Indian Religious Freedom Act von 1978 samt Zusatzartikeln von 1994 hat dann aber Ernte, Besitz, Genuss und Anbau der Pflanze für „authentische" religiöse Zeremonien, insbesondere der Native American Church, unter Schutz gestellt.

Traditionell wird der obere Teil des Peyote abgetrennt und die Pfahlwurzel im Boden gelassen, damit sie neue Pflanzen hervorbringen kann. Die Triebe werden oft in der Sonne getrocknet und schrumpfen dabei zu flachen *buttons*, die entweder zu Sud verarbeitet oder roh gegessen werden.

Zwei Peyote„knöpfe", die zusammen mit anderen archäologischen Überresten der „Desert Cultures" in einer Höhle am Rio Grande in Texas gefunden wurden, konnten mithilfe der Radiokarbonmethode auf den Zeitraum 3780–3660 v. Chr. datiert werden. Eine chemische Analyse brachte in beiden Meskalin zutage, was die Vermutung nahelegt, dass Native Americans die psychotropen Eigenschaften der Pflanze schon vor mindestens 5.700 Jahren kannten.

Die rituelle Verwendung von Peyote bei den indigenen mexikanischen Völkern der Tarahumara (Eigenbezeichnung: Rarámuri), Cora und Huichol (auch Wixárika) ist uralt und soll auf die präkolumbianischen Praktiken der Chichimeken und Tolteken zurückgehen. Laut einer ethnografischen Darstellung aus dem 16. Jahrhundert im *Codex Florentinus* des spanischen Franziskanermönchs Bernardino de Sahagún (um 1499–1590) verwendeten die Chichimeken Peyote bei nächtlichen Versammlungen, um „schreckliche Visionen" zu erleben und Menschen Mut einzuflößen. Sie glaubten, die Pflanze schütze vor Gefahr, Hunger und Durst. Am Tag danach habe es viel Weinen und die „Rückkehr der Vernunft" gegeben. Einen religiösen Kontext erwähnt Sahagún nicht.

In einem Bericht von 1576 von Francisco Hernández de Toledo (1514–1587), dem Leibarzt des spanischen Königs, wird Peyote als schädlich für Männer wie Frauen dargestellt; sie könnten durch den Konsum in die Zukunft sehen und Dinge

Die Abbildungen 3 und 4 zeigen Peyote (*Lophophora williamsii*), aus: *The Cactaceae*, Bd. 3 (1922), von Nathaniel Lord Britton und Joseph Nelson Rose.

prophezeien. Da Hernández das für Teufelswerk hielt, galt es, diese Praxis abzuschaffen, um die Heiligkeit des christlichen Abendmahls zu wahren. 1692 gründeten die Coahuilteco eine Mission namens El Santo de Jesus Peyotes, in der Peyotepflanzen zum Altar gebracht wurden, um sie noch heiliger zu machen, was bedeutet, dass die katholische Kirche damals begonnen hatte, die Pflanze zu tolerieren. Die spanischen Behörden behielten ihre negative Einstellung zu Peyote jedoch bei, und 1720 wurde sein Gebrauch in ganz Mexiko verboten.

Um die Verwendung von Peyote haben sich vielfältige Zeremonien herausgebildet, die aber einige Gemeinsamkeiten aufweisen, z. B.: ein Feuer; eine Gruppe von Teilnehmenden (statt eines Einzelnen); steter Sprechgesang und Gesang; bei nordamerikanischen Völkern am Ende eine Predigt. Etwa 4–12 Peyote„knöpfe" wurden im Ganzen hinuntergeschluckt oder auch in Wasser eingeweicht und gekocht und die entstehende Flüssigkeit getrunken. In einem ethnografischen Bericht aus dem 20. Jahrhundert wird die weniger gebräuchliche Methode von Huichol-Schamanen beschrieben, die einen Peyote-Aufguss mithilfe einer Hirschblase und eines Oberschenkelnochens rektal aufnahmen.

Bei den Huichol (in der Sierra-Madre-Occidental-Region Zentralmexikos) ist Wirikuta, eine hoch in den Bergen gelegene, wunderschöne Wüste, eine bedeutende heilige Stätte, die als Geburtsort der Erde und Land ihrer spirituellen Vorfahren gilt. Ihrer Kosmologie zufolge ließ sich ihre Gottheit Tatewari in Wirikuta nieder und lehrte sie dort die Peyote-Zeremonie. An diesen Ort pilgern sie jährlich unter Leitung von *maraka'ame* (Schamanen) auf der 400 km langen Route ihrer spirituellen Vorfahren. *Hikuri* (Peyote) aus Wirikuta gilt bei ihnen als der reinste Peyote; sein gemeinschaftlicher Genuss bei Zeremonien ermöglicht die Verständigung mit ihren Gottheiten und Vorfahren, durch die sie Führung und spirituelle Verwandlung erfahren.

In den USA war Peyote wenig verbreitet, bis er Ende des 19. Jahrhunderts von Mexiko aus in die südlichen Great Plains gelangte. Um seine Verwendung als Sakrament zu schützen, reichten Native Americans beim Supreme Court der USA eine Petition ein, und die Native American Church wurde gegründet. In dieser Kirche, die auf einer Vermischung traditioneller Glaubensgrundsätze der Native Americans mit christlichen beruht, ist Peyote ein religiöses Sakrament, das die Verbindung mit Gott und der Natur befördert.

Über seine spirituellen Verwendungen hinaus soll Peyote schmerzlindernde und entzündungshemmende Eigenschaften haben und wurde traditionell für diverse Heilmittel genutzt. Die Kiowa in den südwestlichen USA machten damit Umschläge zur Linderung von Rheumaschmerzen und legten sie auch auf Schnitte und Blutergüsse. Mit einem Peyote-Sud behandelte man Darmprobleme, Erkältungen, Grippe,

Fieber, Lungenentzündung, Tuberkulose und Scharlach. Die Huichol aßen den Kaktus zwecks Steigerung der Ausdauer, und da er viel Eiweiß, Vitamine und Mineralien enthält, hat er auch einen hohen Nährwert.

Seit Jahrtausenden ist Peyote eine sakrale Quelle der Vitalität und der spirituellen Verbindung mit dem Göttlichen. Seine Verwendung ist mit indigenen Auffassungen von der Vernetzung allen Lebens und tiefem Respekt vor der Natur verknüpft.

NATURSCHUTZ

Infolge illegaler und übermäßiger Ernte, die besonders schädigend ist, wenn die Pflanzen wie heute üblich samt Wurzel aus der Erde gerissen werden, sind wilde Peyote-Bestände gravierender Gefährdung ausgesetzt. Da ihre psychoaktiven Verbindungen immer bekannter werden, steigt die Nachfrage, während ihr natürliches Habitat aufgrund menschengemachter Landnutzung (Landwirtschaft, Bergbau und Grundstückserschließung) schrumpft. Veränderte Niederschlagsmuster und höhere Temperaturen im Zuge des Klimawandels wirken sich auch auf das Ökosystem Wüste aus und beeinflussen Wachstum und Vermehrung des Peyote negativ.

In der Roten Liste gefährdeter Arten der IUCN wird *L. williamsii* aufgrund seiner schrumpfenden Bestände als global gefährdet aufgeführt. Mit anderen Kakteen wurde die Pflanze in Anhang II des Washingtoner Artenschutzübereinkommens (CITES) aufgenommen, das den Handel kontrolliert, um eine nicht mit ihrem Überleben vereinbare Nutzung zu verhindern.

Naturschützer und indigene Gruppen setzen sich für nachhaltige Erntemethoden ein und schlagen als notwendige Schutzstrategie zusätzlich zur Habitatsanierung den kontrollierten Anbau von Peyote vor, um das langfristige Überleben dieser heiligen und kulturell bedeutenden Pflanze zu sichern.

WISSENSCHAFTLICHE NAMEN: *Oenothera biennis*; *O. albicaulis*; und andere *Oenothera*-Arten

FAMILIE:
Onagraceae (Nachtkerzengewächse)

DEUTSCHE TRIVIALNAMEN:
O. biennis: Gemeine Nachtkerze, Gewöhnliche Nachtkerze, Nachtblume, Gelber Nachtschatten, Nachtschlüsselblume, Eierblume, Gelbe Rapunzel, Rapunzelsellerie, Härekraut, Rapontika, Rübenwurzel, Schinkenkraut, Schinkenwurz, Stolzer Heinrich, Weinblume, Weinkraut, Hustenblume; *O. albicaulis*: Weißstielige Nachtkerze

ENGLISCHE TRIVIALNAMEN:
O. biennis: common evening primrose, evening star, King's cure-all, sun cup, sun drop, fever-plant, night willowherb; *O. albicaulis*: prairie evening primrose, white-stem evening primrose, whitest evening primrose

FRANZÖSISCHER TRIVIALNAME:
la belle de nuit

SPANISCHER TRIVIALNAME:
enótera

INDIGENE NAMEN:
tł'éé' yiigáhii (Navajo); ka'nagwanu; tsĭ'-gi-tûmp (Shoshonen); kwimi shilowa (Zuñi)

NATÜRLICHES VERBREITUNGSGEBIET:
O. biennis: Kanada bis Zentralmexiko; *O. albicaulis*: westliche mittlere USA bis Mexiko (Sonora, Chihuahua)

HABITATE:
Felder; Straßenränder; andere Störungsflächen

LEBENSFORM:
krautige zweijährige Pflanze

VERWENDUNGEN:
Medizin; Nahrung; rituell / spirituell; ökologisch

NACHTKERZE

Nachtkerzen gehören zur Gattung *Oenothera* mit 157 anerkannten Arten, die alle in Nord- und Südamerika heimisch sind. Die bekannteste und häufigste ist *O. biennis*, die sich in großen Teilen der Welt eingebürgert hat, u. a. auf den Britischen Inseln und dem europäischen Festland. Sie gedeiht an vielen verschiedenen Standorten – trockenen Brachen, Straßenrändern, Bahnböschungen und Sanddünen. Wie viele für den Menschen nützliche Pflanzen ist auch ihre Geschichte mit Kolonialismus und Kommerzialisierung verknüpft: Im 17. Jahrhundert führten europäische Siedler Güter aus Nordamerika zum Verkauf in Europa aus, darunter Pflanzen und Pflanzenprodukte. Damals wurde die Gemeine Nachtkerze wahrscheinlich zunächst als Zierpflanze in Europa eingeführt und ihrer hübschen, auffälligen Blüten wegen in botanischen Gärten gezogen. Die Europäer eigneten sich auch die Kenntnisse von Native-American-Völkern über verschiedene medizinische Verwendungen der Pflanze an.

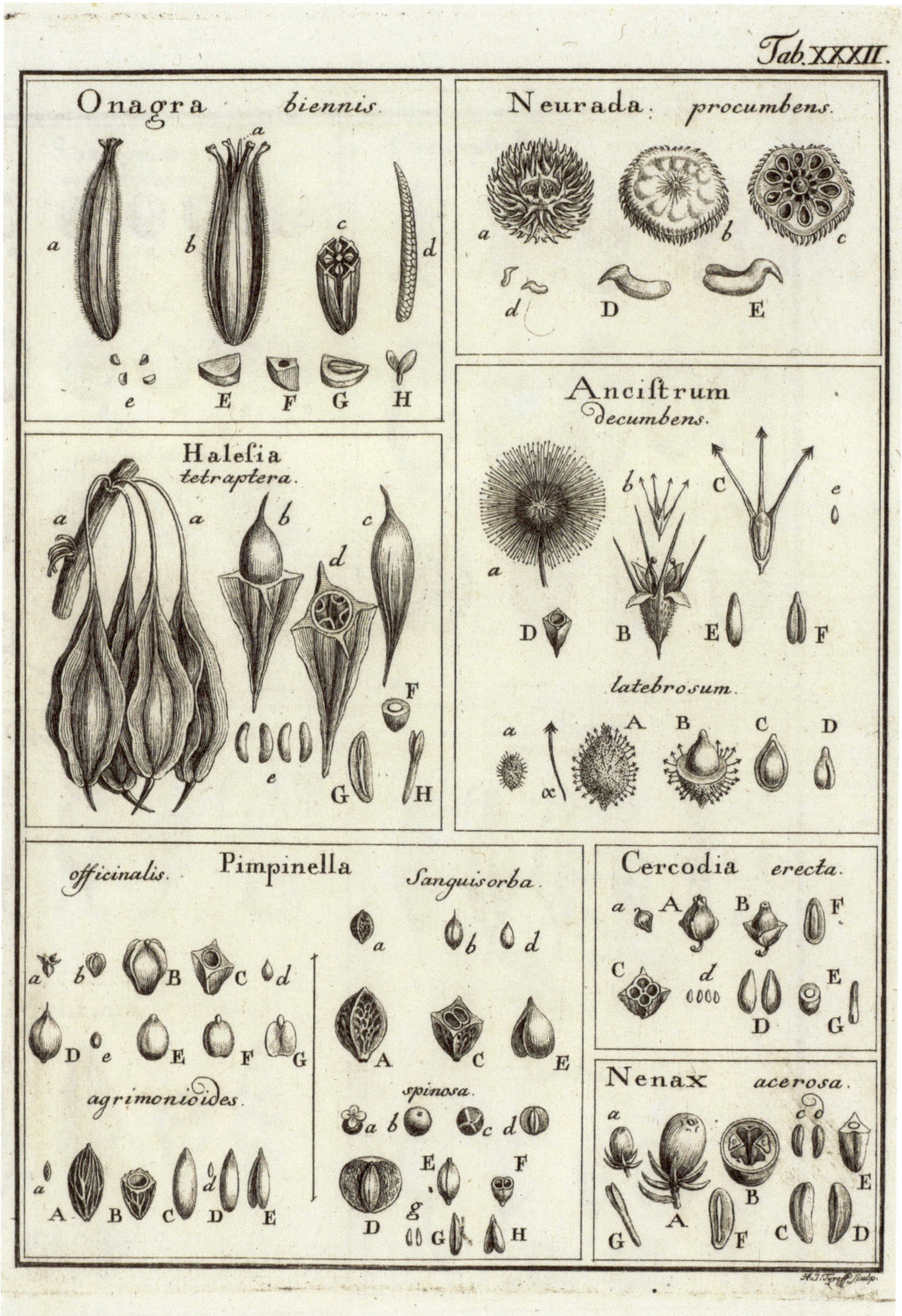
Tab. XXXII.
Onagra biennis.
Neurada procumbens.
Ancistrum decumbens.
latebrosum.
Halesia tetraptera.
Pimpinella
officinalis.
Sanguisorba.
agrimonioides.
spinosa.
Cercodia erecta.
Nenax acerosa.

O. biennis ist eine aufrechte, bis zu 2 m hohe zweijährige Pflanze, deren lange, fleischige, fibröse Pfahlwurzel sie im Boden verankert. Im ersten Jahr nach der Keimung bildet sie eine Blattrosette aus langen, schmalen, lanzettlichen, oft rötlichen Blättern. Im zweiten Jahr blühen von Juni bis September die duftenden, großen, becherförmigen Blüten an langen Stängeln. Sie öffnen sich gewöhnlich in der Abenddämmerung (daher der Name Nachtkerze) und ziehen Bestäuber mit nächtlichen Fressgewohnheiten an, vor allem Nachtfalter wie den Schwärmer. Sie bleiben bis zum Morgen offen, an bedeckten Tagen länger. Die sich nach der Bestäubung entwickelnden Samen fallen dicht neben die Elternpflanze und bleiben im Boden jahrzehntelang entwicklungsfähig, werden aber auch von Wind und Vögeln verteilt.

Für mehrere Native-American-Völker war die Nachtkerze eine wichtige Nahrungsquelle; so aßen die Cherokee die gekochten Blätter als Gemüse und die gekochten Wurzeln wie Kartoffeln. Wurzeln von *Oenothera*-Arten bildeten auch ein Grundnahrungsmittel der Navajo, Cheyenne und Pawnee, die sie geröstet oder gekocht als wertvolle Nährstoffquelle verspeisten. Das gilt insbesondere für die Pawnee, die die Wurzeln für den Verzehr in den Wintermonaten lagerten. Die Zuñi rösteten die Samen und mahlten sie zu einem nahrhaften Schrot (grobes Mehl) u. a. für Brot. Die Apachen machten aus den gemahlenen Samen von *O. albicaulis* Soßen und Suppen.

Native-American-Ethnien behandelten mit Nachtkerze traditionell verschiedene Krankheiten, und auch bei religiösen und spirituellen Zeremonien spielte sie eine wichtige Rolle. Bei einigen ist sie heilig; ihre gelben Blüten symbolisieren die Sonne mit ihren Kraft und Leben spendenden Eigenschaften.

Die Ojibwe (auch Chippewa) aus der Große-Seen-Region wertschätzten die Nachtkerze sehr und verwendeten sie bei Schwitzhütten- und anderen Reinigungszeremonien zur Läuterung von Körper und Geist. Sie soll Gesundheit und Wohlbefinden fördern und vor negativen Energien schützen. Die Ojibwe tranken einen Aufguss aus den Blättern für gute Träume und erholsamen Schlaf. Aus den Samen gewonnenes Öl wurde als Brennstoff für Lampen und bei Heilungszeremonien als Hautöl eingesetzt.

O. albicaulis ist bei den Hopi, Ramah Navajo und Zuñi in den südwestlichen USA eine bedeutende zeremonielle Pflanze. Die Ramah Navajo verwenden die getrockneten Blüten als zeremonielle „Wind-Way"- (Níłch'ijí-)Medizin. Sie behandeln mit

Früchte und Samen verschiedener Pflanzenarten, oben links die Gemeine Nachtkerze (*Oenothera biennis*). Illustration aus: *De fructibus et seminibus plantarum* von Joseph Gärtner, Bd. 1 (1788).

Wind-Way-Heilungszeremonien gesundheitliche Probleme, die auf einem Ungleichgewicht mit den heiligen „Wind People" beruhen, die Ursprungserzählungen zufolge dem Universum das Leben eingehaucht haben.

Bei Zeremonien der Zuñi überreicht der Sonnenpriester, der Vermittler zwischen Geist- und Menschenwelt, den „Corn Maidens" – als Vertreterinnen der Feldfruchtgeister ausgewählten jungen Frauen – *O.-albicaulis*-Blüten. Die Frauen sollen Glück und Segen bringen und ihre Tänze und Gesänge eine reiche Ernte bewirken. Traditionell zerkauten sie die Blüten, spuckten den Blütenbrei in ihre Hände und rieben sich den Körper damit ein. Das sollte gewährleisten, dass sie gut tanzten und Regen das Getreide wachsen ließ.

Die Verwendung der Nachtkerze in verschiedenen Zeremonien der Native Americans illustriert die Verknüpfung der spirituellen und praktischen Seiten der Pflanze. Solche die große Vielfalt des Lebens preisenden Zeremonien zeigen, welch entscheidende Bedeutung der Erhaltung einer gesunden und wechselseitigen Beziehung mit der Umwelt beigemessen wurde.

Zu den vielen traditionellen medizinischen Verwendungen der Nachtkerze gehört die Behandlung von Hauterkrankungen. Die Navajo z. B. setzten einen Nachtkerzenaufguss als Spülung für wunde Haut ein, die Irokesen behandelten mit Nachtkerze Furunkel, und die Ojibwe legten die ganze Pflanze als Umschlag auf Blutergüsse. Die Cherokee griffen bei Blutergüssen und Verstauchungen zu einem Wurzelsud und legten Umschläge aus den Blättern zur Heilungsförderung auf oberflächliche und tiefe Wunden; die Navajo verwendeten Wurzelsude als Lotionen bei Muskel- und Skelettzerrungen vom Tragen schwerer Lasten.

Die Cherokee tranken einen Nachtkerzenaufguss, um Gewicht zu verlieren, und behandelten mit heißen Umschlägen aus den Wurzeln Hämorrhoiden. Auch die Irokesen verwendeten bei Hämorrhoiden die Wurzeln, aber in Form eines Suds als Spülung. Die Pflanze wurde als Anregungsmittel gegen Trägheit eingesetzt, und Athleten rieben sich die zerkauten Wurzeln zur Kräftigung der Muskeln auf die Arme.

Da Nachtkerzen entzündungshemmende Eigenschaften haben, behandelt man in der traditionellen Medizin der Zuñi mit *O. coronopifolia* und *O. elata* subsp. *hookeri* Geschwülste. Dafür rieb man diese mit Speichel oder Wasser ein und streute darauf ein Pulver aus den getrockneten Blüten. Weil die Blüten schon nach einem Tag verwelken, glauben traditionelle Heiler, dass die Geschwülste nach eintägiger Anwendung des Mittels verschwinden.

Die Navajo behandelten Magenschmerzen mit kalten Aufgüssen aus Nachtkerzenblättern; andere indigene Ethnien nutzten die Pflanze bei Verdauungsproblemen und Menstruationskrämpfen. Die Navajo griffen bei Gebärmuttervorfällen

Gemeine Nachtkerze (*Oenothera biennis*), aus:
Flora Danica, Bd. 10 (1819) von Georg Christian Oeder.

zu Umschlägen aus gemahlenen Nachtkerzenpflanzen. Zu weiteren traditionell mit *Oenothera*-Arten behandelten Beschwerden gehören Augenentzündungen, Kopfweh, Zahnschmerzen, Rheumatismus und Atemwegserkrankungen (die Menominee behandelten mit einem Wurzelaufguss Husten und Erkältungen). Die Potawatomi nutzten einen Wurzelaufguss bei Diabetes.

In der modernen Kräutermedizin soll Nachtkerzenöl (aus den Samen von *O. biennis*) als Nahrungsergänzungsmittel essenzielle Fettsäuren liefern – insbesondere gamma-Linolensäure (GLA) – die die Regulierung der Hormonspiegel unterstützen und so prämenstruelles Syndrom, Brustschmerzen und Menopausen-Symptome lindern sollen. Auch werden damit die Symptome von Gelenkrheumatismus, diabetischer Neuropathie und ADHS behandelt. Oberflächlich aufgetragen wird das Öl bei trockener Haut und Ekzemen. Zahlreiche klinische Studien hatten widersprüchliche Ergebnisse und konnten seine Effektivität in den genannten Zusammenhängen nicht überzeugend belegen. In vielen Hautpflege- und Kosmetikprodukten ist es als Feuchtigkeitsspender, Weichmacher und Entzündungshemmer enthalten.

Da die entfetteten Samen (Überreste bei der Ölgewinnung) eine hohe antioxidative Aktivität aufweisen und faserreich sind, ist vorgeschlagen worden, sie als funktionelle Lebensmittelzutat bei Diabetes einzusetzen.

ÖKOLOGISCHE VERWENDUNGEN

Zu den diversen ökologischen Nutzungen der Gemeinen Nachtkerze gehört der Bodenschutz: Ihre langen Wurzeln tragen dazu bei, Bodenerosion zu verhindern und die Erde feucht zu halten. In Küstenzonen stabilisiert man häufig Sanddünen mit ihr und beugt so Bodenerosion vor. Als vielversprechend hat sie sich auch bei der Phytosanierung (Reduzierung oder Entfernung von Verunreinigungen mittels Pflanzen) erwiesen, weil sie verseuchten Böden effektiv Schwermetalle und andere Schadstoffe entzieht. Da die Blüten viel Nektar für Bestäuber enthalten und die Samen und Blätter für Vögel und andere Tiere Nahrung bieten, profitiert auch die Tierwelt von ihr. Als schnellwüchsige Pflanze kann die Nachtkerze zudem dazu beitragen, Kohlendioxid aus der Atmosphäre zu binden und im Boden zu speichern.

Gemeine Nachtkerze (*Oenothera biennis*), aus: *Gruppenweise Artbildung, unter spezieller Berücksichtigung der Gattung Oenothera* (1913) von Hugo de Vries.

WISSENSCHAFTLICHER NAME: *Opuntia ficus-indica*

FAMILIE:
Cactaceae (Kakteengewächse)

DEUTSCHER TRIVIALNAME:
Feigenkaktus

ENGLISCHE TRIVIALNAMEN:
Indian fig; Barbary fig; cactus; pear; paddle cactus

SPANISCHE TRIVIALNAMEN:
nopal (Pflanze); chumbera (Pflanze); higo chumbo (Frucht); tuna (Frucht); penca

INDIGENE NAMEN:
nopalli; tenochtli (Nuahtl)

NATÜRLICHES VERBREITUNGSGEBIET:
Mexiko

HABITATE:
Savannen; Buschland

LEBENSFORM:
ausdauernder, sukkulenter Strauch oder Baum

VERWENDUNGEN:
Nahrung; Viehfutter; Medizin; Farbstoff; Zierpflanze; Hecke; ökologisch; Lederersatz

---

FEIGENKAKTUS

Der Name Feigenkaktus bezeichnet die ganze Gattung *Opuntia*, deren Arten wie auch andere Kakteen in den Amerikas heimisch sind. Eine der bekanntesten ist *O. ficus-indica*, die aus Mexiko stammt, als Nutz- oder Zierpflanze aber in vielen trockenen und halbtrockenen Regionen der Welt eingeführt wurde.

O. ficus-indica ist ein großer, bis zu 5–7 m hoher und bis zu 5 m breiter Kaktus. Der Stamm ist abgeflacht und in ovale, bläulich grüne, 30–60 cm lange Triebabschnitte gegliedert, die mit Dornen und Glochiden (feine, mit Widerhaken versehene Dornen) besetzt sind, bei denen es sich um modifizierte, nicht fotosynthetisierende Blätter handelt. Die Glochiden brechen leicht ab und können Hautirritationen auslösen. Mehrere Kultursorten sind dornenlos.

Im späten Frühling oder Frühsommer bringt der Kaktus große, auffällige Blüten hervor, deren Farbe zwischen Gelb und Orange variiert, mit manchmal rosa Kronblättern. Sie treiben meist aus den Spitzen der Triebabschnitte aus und werden vor allem von Bienen, aber auch von Schmetterlingen und Kolibris bestäubt. Nach der Befruchtung bildet sich eine fleischige Beerenfrucht, die essbar ist und viele kleine Samen birgt. Die reife runde Frucht ist 5–10 cm lang und 4–9 cm dick und kann je nach Sorte zwischen Grün und Weiß, Gelb und Orange oder Rot und Violett changieren. In der Regel ist die Pflanze nach drei bis vier Jahren ausgewachsen und trägt dann Blüten und Früchte.

Außerhalb seines natürlichen Verbreitungsgebiets kann *O. ficus-indica* invasiv werden, einheimische Vegetation ersetzen und so die Artenvielfalt reduzieren. In einigen Regionen, in denen er eingeführt wurde, wie in Australien und Eritrea, hat er lokale Ökosysteme und Lebensgrundlagen geschädigt. Er senkt u. U. auch die Agrarlanderträge und verletzt mit seinen Dornen Tiere und Menschen. Zur Eindämmung seiner Verbreitung in solchen Gegenden kann man biologische Bekämpfungsmittel wie z. B. die Larven der Kaktusmotte (*Cactoblastis cactorum*) einsetzen. Die 1925 aus Argentinien nach Australien eingeführte Motte trug dazu bei, die Ausbreitung von *Opuntia*-Arten im Land zu regulieren. In Nordamerika stellt sie für *Opuntia*-Arten dagegen eine ernsthafte Gefährdung dar.

In Mexiko spielt der Feigenkaktus eine wichtige soziokulturelle Rolle. Er ist dort Nahrungsquelle und Medizin, zudem religiös besetzt und tritt bei Festen und Feiern in Erscheinung. Die alte Hauptstadt der Azteken, Tenochtitlan, wo sich das heutige Mexiko-Stadt befindet, wurde 1325 infolge einer mit dem Feigenkaktus verbundenen Prophezeiung gegründet. Der Legende nach wies der Aztekengott Huitzilopochtli das Volk nach Verlassen seines Herkunftslands Aztlán an, sich da niederzulassen, wo es einen Adler auf einem Kaktus sitzen und eine Schlange fressen sah. Diese Szene zeigen Wappen und Flagge des heutigen Mexiko.

Christoph Kolumbus (1451–1506) soll *O. ficus-indica* bei seiner ersten Rückkehr nach Lissabon 1493 nach Europa eingeführt haben, was bedeuten würde, dass die Pflanze seit mindestens Ende des 15. Jahrhunderts in der Karibik wächst. Auch von den Nazca in Peru wurde sie wohl genutzt.

Für indigene Völker der Amerikas ist der Feigenkaktus seit Jahrtausenden eine Nahrungsquelle. Die runde Frucht, in Mexiko *tuna* genannt, und die Triebabschnitte („Blätter"), *nopales*, können roh oder gekocht gegessen und als Zutat diverser Produkte, wie z. B. Konfitüren, Suppen, Eintöpfe, Salate und Tacos, verwendet werden. Früchte und Blätter werden auf mexikanischen Märkten oft frisch angeboten, Letztere von den Dornen und Glochiden befreit und zerschnitten. In Würfelform werden sie zum beliebten Gericht *nopalitos* verarbeitet und auch in Flaschen und Dosen verkauft. Sie haben eine leichte Schärfe und eine schleimige Textur.

Aquarell auf Papier (1795–1804) von *Cactus chinensis* (ein Synonym von *Opuntia ficus-indica*). Handgemalte Kopie einer im Auftrag von William Roxburgh (1751–1815) gefertigten Illustration. In seiner *Flora Indica* stellt Roxburgh den Feigenkaktus irrigerweise als in China heimische Pflanze dar. Die Pflanze gelangte vielleicht bereits Ende des 15. Jahrhunderts von den Westindischen Inseln nach Osten.

Als Grundnahrungsquelle wurde *O. ficus-indica* auch von mehreren Native-American-Völkern in den südlichen und südwestlichen USA genutzt, etwa den Apachen, Cahuilla, Comanchen, Hopi, Navajo, Papago und Pima.

Die Früchte wurden oft in der Sonne getrocknet und für den späteren Gebrauch gelagert, während die von den Dornen befreiten Blätter vor dem Verzehr gekocht wurden. Manche Gruppen aßen auch die Samen. Die Apachen z. B. rösteten sie und kochten daraus mit Getreide, Schrot, Wasser und Salz einen Porridge. Die getrockneten Samen wurden auch zu Mehl gemahlen, das man mit einem Schuss Wasser oder gekocht als Brei aß. Native Americans im Südwesten, etwa die Cahuilla, Pima und Papago, verzehrten auch die in Fett oder Schmalz gebratenen Blüten oder Knospen.

Wissenschaftliche Studien haben gezeigt, dass *O. ficus-indica* viele Ballaststoffe, Vitamine und bioaktive Verbindungen enthält. Viele der Letzteren weisen gesundheitsrelevante biologische Aktivitäten auf, z. B. antioxidative, entzündungshemmende, hypoglykämische und antimikrobielle.

In der traditionellen Heilkunde Mexikos und der Native Americans behandelt und lindert man mit dem Fruchtfleisch und Saft von *Opuntia*-Arten durch oberflächliches Auftragen vorwiegend Sonnenbrand und andere Hautreizungen. Die Jemez in New Mexico legten heiße Umschläge aus der gebackenen Haut von *O. ficus-indica* auf Geschwüre, um Entzündungen zu verhindern und Schmerz zu lindern. Die Ohlone in Kalifornien rieben die Haut mit einem antirheumatischen Brei aus den warmen Früchten oder dem warmen Fruchtsaft ein. Pfröpfe aus den Triebabschnitten oder dem Fruchtfleisch steckte man als Gerinnungs- und Abheilungsmittel in offene Wunden. Zu den medizinischen Verwendungen gehörten auch harntreibende Aufgüsse aus den Blüten. Die Cahuilla setzten die gekochten Früchte als Abführmittel bei Verstopfung, die Apachen die gekochten Wurzeln als Abführmittel für Babys und Kleinkinder ein. Die Lakota behandelten mit einem Wurzelsud Harnprobleme.

Verwendung fanden sogar die Dornen: Die Kiowa öffneten damit Furunkel, und die Apachen kratzten damit entzündete Augenlider auf und stachen Tattoos. Überliefert ist auch, dass die Kiowa einst bei der Jagd auf Vögel die scharfen Dornen auf kleine Pfeile steckten und Mokassins mit dem Sekret des abgeschnittenen Stamms lackierten.

Um das Vieh am Ausbrechen zu hindern, werden aus den Kakteen auch gern Hecken oder „lebende Zäune" gepflanzt. Zudem bietet sich die dicke Haut des Kaktus als umweltfreundliche, vegane Alternative zu Leder an.

Da das zerdrückte, vergorene und mit Dung vermengte Fruchtfleisch von *O. ficus-indica* zu Methan und Wasser zerfällt, hat die Pflanze auch Potenzial als Biokraftstoff. Und weil sie viel weniger Wasser braucht als konventionelle Feldfrüchte und dürretolerant ist, wird erwogen, sie in halbtrockenen und trockenen Randzonen zwecks Kohlenstoffbindung sowie zur Nahrungs- und Futterproduktion anzubauen.

Kein Wunder also, dass *O. ficus-indica* in Mexiko noch immer eine der wichtigsten Nutzpflanzen ist, die viele Subsistenzgemeinschaften mit Lebensunterhalt, Nahrung und Arzneien versorgt, dass sie bei ihnen ein bedeutendes kulturelles und religiöses Symbol ist und ihre einzigartigen Eigenschaften wertgeschätzt werden.

FARBSTOFFGEWINNUNG

Seit präkolumbianischer Zeit werden *Opuntia*-Arten als Wirtspflanzen für die Cochenillelaus (*Dactylopius coccus*) angebaut, aus der leuchtend rote und violette Farbstoffe gewonnen werden. Der Cochenille-Farbstoff war eine Tributzahlung an die aztekischen Herrscher; im *Codex Mendoza* (um 1535–1550) sind aztekische Tributlisten abgebildet, die neben Waren wie Ozelot oder Jaguar den Wert des Feigenkaktus als Handelsgut bezeugen. Vom frühen 16. bis ins 19. Jahrhundert galt der Cochenille-Farbstoff auch unter den europäischen Siedlern als wertvolle Ware; die Nachfrage danach wirkte sich entscheidend auf die Anlage von *O.-ficus-indica*-Plantagen auf den Kanarischen Inseln, in Sizilien und Nordafrika aus. Der ökonomische Beweggrund für die Farbstoffproduktion hat wahrscheinlich auch die präkolumbianische Ausbreitung der Pflanze beeinflusst.

Im späten 19. Jahrhundert schwächte die Entwicklung synthetischer Pigmente und Farbstoffe, wie z. B. Alizarin-Krapplack, die Naturfarbstoffindustrie und senkte die Nachfrage nach Cochenille. In den letzten Jahren hat die Sorge um die Unbedenklichkeit künstlicher Lebensmittelfarben jedoch zu einer neuen Wertschätzung der Cochenille geführt und ihre Herstellung wieder profitabel gemacht. Betalaine – natürliche Pigmente, die direkt aus *O. ficus-indica* extrahiert werden können – gewinnen als Farbmittel in der Lebensmittelindustrie auch deswegen an Beliebtheit, weil sie wasserlöslich, ungiftig und antioxidativ sind.

2

MITTEL- & SÜD- AMERIKA

Wahrscheinlich überquerten die Vorfahren der indigenen Völker Mittel- und Südamerikas während des Letzteiszeitlichen Maximums vor 30.000–16.000 Jahren von Nordostasien her die Bering-Landbrücke und wanderten südwärts durch Nordamerika. Interessanterweise haben DNA-Untersuchungen gezeigt, dass zwei indigene Amazonasgruppen, die Karitiana und die Suruí, genetische Marker mit indigenen Völkern Australiens und Melanesiens teilen. Noch ist unklar, wie es dazu kam; es könnte auf einen gemeinsamen urzeitlichen Vorfahren hinweisen.

Als ziemlich schmale Landbrücke zwischen Nord- und Südamerika ist Mittelamerika für die Archäologie wichtig, ermöglicht es doch dank reicher archäologischer Funde und vielfältiger indigener Kulturen Einblicke in alte Zivilisationen. Es spricht einiges dafür, dass Mittelamerika seit Ende des Jungpleistozäns, insbesondere der Ära der Paläoindianer (um 13000–5000 v. Chr.), kontinuierlich bewohnt war. Wann in Mittel- und Südamerika die ersten Siedlungen entstanden, ist umstritten (wie auch für Nordamerika); schriftlich belegte archäologische Stätten in Nordost- und Zentralbrasilien weisen auf menschliche Besiedlung vor 20.000–30.000 Jahren hin. Ist die Datierung auch ungeklärt, weiß man immerhin, dass die ersten Menschen, die in die Gegend einwanderten, nomadische Jäger und Sammler waren.

In Mittelamerika begannen die menschlichen Gemeinschaften zur halb sesshaften Nahrungssuche überzugehen, als in der Archaischen Periode (5000–2500 v. Chr.) mit der Domestizierung von Pflanzen begonnen wurde. Diese Veränderungen in der Lebensweise führten zur Entstehung komplexer Sozialstrukturen mit je lokalen Ausprägungen. In der späteren Präklassischen Periode (um 2000–250 v. Chr.) bildeten sich in Mesoamerika die Maya als einzigartige Gruppe heraus, die typische Grundnahrungsmittel wie Mais, Bohnen, Kürbis und Pfefferschoten anbaute. Die ersten Maya-Städte entstanden um 750 v. Chr.; um 500 v. Chr. gab es in ihnen schon große Tempel und andere eindrucksvolle Bauten. Die Maya entwickelten nicht nur eine Art Hieroglyphenschrift, sondern auch eine Mathematik, auf Planetenbewegungen beruhende Kalender, Pyramiden, Bewässerungsanlagen, Ballspielfelder und große Plätze. Die Maya-Zivilisation florierte, besonders auf der Halbinsel Yucatán, von etwa 250 bis 900 n. Chr. (Klassische Periode). Danach verursachte vermutlich eine Kombination aus Krieg, Umweltzerstörung und anhaltender Dürre einen Zusammenbruch der Gemeinschaft; mehrere Städte im Süden wurden verwüstet oder verlassen.

Im 16. Jahrhundert von den Spaniern eingeschleppte Krankheiten führten zu einem schätzungsweise 90 %-igen Rückgang der Maya-Bevölkerung, die schließlich 1697 von den Konquistadoren endgültig besiegt wurde. Heute leben in Mittelamerika laut Schätzungen über 8 Mio. Maya, von denen die meisten noch ihre Heimatsprachen sprechen und ihren Traditionen gemäß leben. Sie stellen zwar eine heterogene Gruppe dar, haben aber eine gemeinsame Kosmologie und Weltsicht, in denen sich soziale, natürliche und spirituelle Aspekte des Lebens verbinden. Das Bewusstsein dafür, wie wichtig es ist, die Maya-Kultur samt ihrem ethnobotanischen Wissen zu erhalten, wächst.

Zur Karibik gehören über hundert Inseln in den Tropen der Amerikas. Vor 6.000 Jahren kamen indigene Entdecker, die genetisch enger mit den Mittel- und Südamerikanern als mit den Native Americans Nordamerikas verwandt sind, als erste Menschen mit Booten auf die Inseln. Eine zweite Migrationswelle ereignete sich vor etwa 2.500–3.000 Jahren, als mit den Arawak-Völkern des nordöstlichen Südamerika verwandte Bauern und Töpfer sich in Puerto Rico niederließen und dann westwärts ausbreiteten. Sie führten die Landwirtschaft und den Gebrauch von Töpferwaren auf den Inseln ein und waren die Vorfahren der Taíno, die sie ersetzten. Die Taíno schufen eine komplexe Kultur und bildeten zwischen 1200 und 1500 die wichtigste Kulturgruppe der karibischen Großen Antillen. Eine weitere Migration von Südamerika her unternahm das Volk der Kariben, das sich auf den karibischen Kleinen Antillen niederließ, wo es von 1400 bis 1500 die vorherrschende Kulturgruppe darstellte.

Historischem Erzählgut zufolge wurden die Taíno ein paar Jahrzehnte nach Eintreffen der Spanier in der Karibik im späten 15. Jahrhundert infolge von Krankheiten, Hunger und Sklaverei ausgelöscht. Die mündliche Überlieferung der Karibik lässt jedoch vermuten, dass ein Teil des Taíno-Erbes durch die Vermischung spanischer Eroberer, versklavter Afrikaner und versklavter Taíno überlebt hat. DNA-Daten zeigen, dass heutige Bewohner der Karibik direkte Nachfahren von Prä-Taíno- und Taíno-Gruppen sind, und zwar überwiegend über matrilineare Linien, was die Vermutung nahelegt, dass einzelne Taíno-Frauen und ihre Kinder überlebt haben, als die Taíno-Gemeinschaften und -familien ausgelöscht wurden. Heute erfüllen die Nachfahren der präkolumbianischen Völker der Karibik ihr kulturelles Erbe wieder mit Leben.

Vor der Eroberung Südamerikas durch Europäer im frühen 16. Jahrhundert lebten auf dem Kontinent verschiedene Völker, die fast alle Landwirtschaft betrieben und sich über Jahrtausende gründliche Kenntnisse über ihre jeweilige Umgebung angeeignet hatten. Aktuelle archäologische und genetische Untersuchungen deuten darauf hin, dass das südwestliche Amazonasbecken ein frühes Zentrum der Domestizierung von Pflanzen war. Winzige Überreste von Maniok und Kürbis lassen vermuten, dass beide schon vor über 10.000 Jahren in dieser Region angebaut wurden, während Maisüberreste aus Bolivien auf ein Alter von 6.850 Jahren datiert wurden. Die Bewohner des Amazonasbeckens gestalteten ihre Umwelt behutsam um, indem sie in einer saisonal überfluteten Savanne künstliche Waldinseln schufen. Die Feldfrüchte wurden oft nach einer Methode des Wanderackerbaus gezogen, die einige indigene Völker im Amazonasbecken heute noch praktizieren.

Der Landbau breitete sich nach Westen Richtung Küste und später in die höheren Lagen der Anden aus; gleichzeitig wurden landwirtschaftliche Techniken entwickelt. In den Anden und an der peruanischen Küste bildeten sich mehrere hoch entwickelte Zivilisationen, darunter im frühen 13. Jahrhundert das Reich der Inka. Auf dessen Höhepunkt um 1525 hatte es eine Größe von 2 Mio. km^2, doch ab 1572 von den Konquistadoren eingeschleppte Krankheiten dezimierten die Bevölkerung. Die Europäer übernahmen mehrere der von den Inka angebauten Nahrungs- und Heilpflanzen für ihre Zwecke, darunter Kartoffeln, Mais, Bohnen, Kakao und Chinarinde.

WISSENSCHAFTLICHER NAME:
Araucaria angustifolia

FAMILIE:
Araucariaceae (Araukariengewächse)

DEUTSCHE TRIVIALNAMEN:
Brasilianische Araukarie; Brasilkiefer

ENGLISCHE TRIVIALNAMEN:
Araucaria; Brazilian monkey puzzle; Brazilian pine; candelabra tree

PORTUGIESISCHE TRIVIALNAMEN:
pinheiro-do-paraná; pinheiro brasileiro

SPANISCHER TRIVIALNAME:
pino paraná

INDIGENE UND ANDERE NAMEN:
ka'a (Guaraní); curî (Kaingáng)

NATÜRLICHES VERBREITUNGSGEBIET:
SO- und S-Brasilien bis Argentinien

HABITAT:
subtropische Wälder

LEBENSFORM:
immergrüner Nadelbaum

VERWENDUNGEN:
Nahrung; Medizin; spirituell; Nutzholz; Zierpflanze

BRASILKIEFER

Die Brasilkiefer (oder Brasilianische Araukarie) ist der einzige heimische Nacktsamer des südamerikanischen Atlantischen Regenwalds (Mata Atlântica) und sowohl ökonomisch als auch soziokulturell von großer Bedeutung. Der Atlantische Regenwald bedeckte einst über 1 Mio. km^2, d. h. etwa ein Viertel des Amazonasbeckens, schrumpfte nach jahrhundertelanger Entwaldung aber um mehr als 90 %, sodass er heute weniger als 100.000 km^2 groß ist. Der erhaltene Wald zeichnet sich durch große Artenvielfalt und etliche standortheimische Arten aus, von denen viele auszusterben drohen, so auch die Brasilkiefer, die laut der Roten Liste der IUCN seit 2021 als „vom Aussterben bedroht" gilt. Als Anfang des 16. Jahrhunderts die europäischen Konquistadoren eintrafen, bedeckten Restbestände von *A. angustifolia* laut Schätzungen nur noch 5–12 % der Fläche. Sie befinden sich in Gegenden mit starker Umweltbeeinträchtigung und Waldzerstückelung. Einen Großteil seines Habitats hat der Baum im letzten Jahrhundert aufgrund von Abholzung, Landwirtschaft, Viehhaltung und Forstwirtschaft (Pflanzung und Pflege von Bäumen vorrangig für die Holzgewinnung) verloren. Große Flächen seines Walds sind heute Eukalyptusplantagen, die Brasilien zu einem Spitzenproduzenten von Zellstoff machen.

Die Brasilkiefer gehört nicht zur Gattung *Pinus*, ist also keine echte Kiefer, aber wie diese ein Nadelbaum. Sie ist ein uralter Nacktsamer: Man fand schön erhaltene fossile Zapfen, die auf die Trias bzw. das Jura zurückgehen. Sie ist schnellwüchsig und langlebig und erreicht ihre volle Reife mit 140–250 Jahren. Ausgewachsene Exemplare können bis zu 35–40 m hoch werden mit einem einzelnen, geraden, bis zu 1,5 m dicken Stamm. Die Rinde ist schuppig, harzig und horizontal gebändert. Die Äste wachsen in Quirlen à 4–8 und sterben von der Basis des Baums her ab, sodass der ausgewachsene Baum eine flache Krone hat. Die dreieckigen, dunkelgrünen Nadeln sind steif und ledrig, 3–6 cm lang und an der Basis 5–10 mm dick, mit scharfen Rändern und Spitzen. Sie sind spiralig um fruchtbare Triebe herum angeordnet, was jeder einzelnen mehr Sonnenlicht verschafft. *A. angustifolia* ist zweihäusig (die Bäume sind entweder männlich oder weiblich); die männlichen Pollenzapfen sind 10–18 cm lang und zylindrisch, die weiblichen Blütenzapfen größer und bei einem Durchmesser von 18–25 cm annähernd rund. Wie alle Koniferen wird der Baum vom Wind bestäubt, und ca. 18 Monate nach der Bestäubung sind die Samenzapfen im Herbst reif. Jeder enthält 100–150 kastanienbraune, 3–5 cm lange Samen. Sind die Zapfen reif, platzen sie und geben die Samen frei, die von Azurblauraben (*Cyanocorax caeruleus*) und anderen Tieren verbreitet werden.

Wie seine enge südamerikanische Verwandte *Araucaria araucana* (Chilenische Araukarie), die weiter südwestlich vorkommt, wird *A. angustifolia* seit prähistorischer Zeit ihrer nussähnlichen Samen (span. *piñones* oder *pinhões*; portug. *pinhão*) wegen genutzt. Sie haben einen hohen Nährwert und waren ein wichtiger Bestandteil der traditionellen Kost der Völker, die mit den Bäumen lebten, so der Kaingáng in Südbrasilien in präkolumbianischer Zeit und heutiger Kleinbauern. In prähistorischen Zeiten bildeten Araukarienwälder eine Grundnahrungsmittelquelle, und paläo-ethnobotanische Belege deuten darauf hin, dass menschliche Verfahren bei ihrer Ausbreitung und Entstehung eine wichtige Rolle gespielt haben.

Die Kaingáng verzehren die großen, Pinienkernen ähnelnden Samen in unterschiedlicher Form (u. a. geröstet, gekocht, im Ganzen) oder zu einem Mehl namens *pisé'* gemahlen. In der Stadt Lages im Bundesstaat Santa Catarina genießt man beim jährlichen *pinhão*-Fest Glühwein und gekochte Brasilkieferkerne. Pro Jahr werden in Brasilien rund 3.400 t gesammelt, was die Art zusätzlich zur extensiven Abholzung gefährdet.

In der brasilianischen Volksmedizin werden verschiedene Bestandteile von *A. angustifolia* für diverse Zwecke oral wie äußerlich genutzt. Dazu gehören: ein Sirup aus dem Harz bei Atemwegserkrankungen; Umschläge und Lotionen aus den Nadeln und der Rinde bei Hautreizungen, Verletzungen und Infekten, muskulären Verspan-

Kette aus Swasiland, katalogisiert 1998. Perlen aus gefärbten Samenschuppen von *Araucaria angustifolia* und gefärbten Samen einer anderen Art sowie kleine, goldene Glasperlen. Kew Economic Botany Collection.

Zapfen von Araucaria braziliana, Brasilien von Marianne North (1830–1890). *A. braziliana* ist ein Synonym von *A. angustifolia.*

nungen, Krampfadern und Rheumatismus; sowie oral eingenommene Aufgüsse bei Erkältungen, Abgeschlagenheit, Anämie, Nierenerkrankungen und Geschlechtskrankheiten. In wissenschaftlichen Studien konnten für verschiedene Brasilkiefer-Extrakte diverse biologische Aktivitäten nachgewiesen werden, darunter antioxidative, entzündungshemmende, antivirale und neuroprotektive.

Belegt ist außerdem die Nutzung von *A. angustifolia* als Brennholz und hochwertiges Weichholz für Baustoffe und Möbel. Der Baum wird zudem in Parks und Gärten als Zierbaum gepflanzt, auch in tieferen Lagen Chiles, wo sein enger einheimischer Verwandter *A. araucana* weniger gut gedeiht. Das Harz ist zudem eine potenzielle Quelle hochwertiger Terpenchemikalien, einer vielfältigen Gruppe organischer Verbindungen, die Nadelbäumen ihren typischen Geruch verleihen. Terpene sind breit anwendbar und werden in verschiedenen Industriezweigen genutzt, so der Nahrungsmittelproduktion, der Pharmazie und der Biotechnologie, und zwar als Aroma- und Duftstoff, Lösemittel sowie als Ausgangsstoff für die Herstellung anderer Chemikalien.

Die Brasilianische Araukarie liefert aber nicht nur Nahrung und Arzneien, sondern spielt auch in Überlieferung und Mythologie der Guaraní und Kaingáng eine wichtige spirituelle Rolle. Von Generation zu Generation geben sie ihr mündlich überliefertes traditionelles Wissen unter diesem Baum weiter, von dem es heißt, er gebe den indigenen Völkern Unterweisung und den *kujá* (den spirituellen Führern der Kaingáng) spirituelles Wissen.

Die Kaingáng führen jedes Jahr eine Zeremonie zu Ehren der Toten namens *kiki koj* durch, bei der der Stamm der Brasilkiefer eine wichtige Rolle spielt. Doch staatliche Ausbeutung, illegale Siedler und Kleinbauern haben sie aus großen Teilen ihres angestammten Territoriums vertrieben. Weil die Bäume zugunsten agrarindustrieller Monokulturplantagen gefällt werden, können viele Gemeinschaften nicht mehr Seite an Seite mit ihnen leben. Doch die Brasilkiefer ist ein so bedeutender Teil ihrer Kultur, dass sie sich an der Pflanzung von Tausenden der Bäume auf ihrem Land beteiligen, damit die Bestände sich erholen.

WISSENSCHAFTLICHER NAME:
Bixa orellana

FAMILIE:
Bixaceae (Annattogewächse)

DEUTSCHE TRIVIALNAMEN:
Annattostrauch; Orleanstrauch; Rukustrauch; Butterfarb; Stephanulrich; Urian; (Roter) Lippenstiftbaum

ENGLISCHE TRIVIALNAMEN:
annatto; achiote; lipstick tree

PORTUGIESISCHE TRIVIALNAMEN:
urucum; urucú; açafrão; açafroa; açafroeira-da-terra

SPANISCHE TRIVIALNAMEN:
achiote; achiote rojo; achiote amarillo; onoto; achote de monte; azafrán de la tierra; achote; bija; anatto; anatta; atolé (Kuba und Peru); axiote (Mexiko); santo-domingo (Puerto Rico); bixa (Guyana); analto (Honduras); guajachote (El Salvador); onotto; onotillo (Venezuela)

ANDERE TRIVIALNAMEN:
roucou (Trinidad und Surinam); koessewee (Surinam)

INDIGENE NAMEN:
ru-ku (Tupi); yrukú (Guaraní); achiotl (Nuahtl)

NATÜRLICHES VERBREITUNGSGEBIET:
Mexiko bis südliches tropisches Amerika

HABITATE:
tropische Wälder; Savannen; Buschland; natürliches Grasland; Feuchtgebiete (im Inland)

LEBENSFORM:
Strauch oder kleiner Baum

VERWENDUNGEN:
Farbstoff; Medizin; Gewürz; spirituell; sozial; Faser

ANNATTOSTRAUCH

Der Annattostrauch wurde vermutlich vor mehreren Tausend Jahren von indigenen Völkern in der Region des Amazonasbeckens im nördlichen Südamerika domestiziert. Archäologische Funde belegen, dass es ihn in alten menschlichen Siedlungen gab, etwa im Amazonasbecken um 400 v. Chr. bei den Llanos de Mojos im bolivianischen Tiefland. Andere archäologische Stätten, wo man ihn entdeckte, sind noch älter, so z. B. Plum Piece, eine Prä-Arawak-Stätte von 1700–1600 v. Chr. auf der Karibikinsel Saba, und Caral, eine städtische Siedlung im Mittelwesten von Peru, die zwischen 1000 v. Chr. und 200 n. Chr. florierte.

Die alten indigenen Völker der Neotropis schätzten den Strauch wegen des rot-orangefarbenen Pigments in seinem wachsartigen Samenmantel (Arillus), der zu einer Paste für dekorative Körperbemalung sowie für medizinische und kulinarische Zwecke verarbeitet wurde. Aus den Fasern der Innenrinde fertigte man raues Tauwerk.

Der mündlichen Überlieferung verschiedener indigener Gruppen des Amazonasbeckens zufolge ist die Pflanze auch symbolisch bedeutend. In Heldenlegenden der Tikuna-Kultur im westlichen Brasilien und in Geschichten der Guaraní kommt *yrukú* als immerwährender Strauch vor, der an der Straße zum Himmel wächst. In der Mythologie der Tenetehara (Tupi) versteckt der Schöpfer, Maíra, in einem Annatto-Ast das Feuer. Und bei einer anderen Gruppe, den Bororo am Rand des südlichen Amazonasbeckens in Zentralbrasilien, gibt es – wie auch über Tabak, Mais und Baumwolle – eine Geschichte über den übernatürlichen Ursprung des *urucú*-Buschs.

Zur Zeit der europäischen Besiedlung der Amerikas trieben indigene Tieflandgruppen, wie z. B. die Guaycuru, Arawak und Guaraní, Fernhandel mit Annattopaste. Sie wurde u. a. gewonnen, indem die Samenmäntel in Wasser gespült, die Lösung getrocknet und das entstehende Pulver mit Tierfett oder Pflanzengummi vermischt wurde. Man trug sie bei Zeremonien und Kämpfen als Körperbemalung zur Abwehr von Bösem auf und verwendete sie auch als Alltagsdekoration, die gleichzeitig vor Sonnenbrand und Insektenstichen schützte.

Bixa orellana ist ein kleiner Baum oder Strauch, meist 3–5 m, manchmal auch 10 m hoch. Ihr Stamm ist kurz und 20–30 cm dick, und die dunkelgraue Rinde hat vertikale Korkporenreihen (zur Regulierung des Gasaustauschs). Die Blätter haben lange Blattstiele, sind wechselständig, 10–20 cm lang und 5–10 cm breit, eiförmig

Tragekorb aus Amazonas, Brasilien, in dem Frauen Brennholz, Bananen, Maniok u. a. transportierten. Gefärbt mit dem roten Pigment des Samenmantels des Annattostrauchs (*Bixa orellana*). Kew Economic Botany Collection.

mit Spitze und beidseitig grün. Die kastanienförmige Frucht ist eine mit biegsamen Stacheln besetzte, zweiteilige Kapsel. Diese birgt unterschiedlich viele, durchschnittlich 30–60 kleine Samen, die 2–3 mm dick und 3–5 mm lang sind.

Das in den Arillen überwiegend enthaltene Pigment ist Bixin, ein Carotinoid (diverse fettlösliche, von Gelb bis Rot variierende organische Verbindungen), das in der Industrie breit genutzt wird. Je nach Sorte und regionalen klimatischen Bedingungen enthalten die Arillen 1–6 % Bixin, das mithilfe von Pflanzenölen oder chemischen Basen extrahiert werden kann. Neben dem roten Pigment Bixin tritt in den Arillen auch das gelbe Pigment Orellin auf.

Manche indigene Völker unterscheiden verschiedene Annattoformen. So zeigen ethnotaxonomische Studien, dass die Kayapó, ein Ge-sprachiges Volk im Flussbecken des Rio Xingu im brasilianischen Staat Pará, vier Sorten anbauen: *p'y kumrenx*, *p'y poi ti*, *p'y'krã re* und *p'y jabiê*. Eine andere Gruppe, das Tupi-sprachige Volk Ka'apor im Gebiet des Rio Gurupi in Maranhão im östlichen Amazonasbecken, kennt zwei: eine wilde, *urukuran'*, und eine veredelte, *uruku*.

Auch in der traditionellen Medizin wird der Annattostrauch umfassend genutzt. Die Samen werden als Abführmittel, zur Herzstärkung, als Blutdrucksenker, Schleimlöser und Antibiotikum eingesetzt. Oberflächlich aufgetragen wird Annattopaste auf Blutergüsse und Wunden, und bei Bronchitis und Halsschmerzen wird ein Aufguss aus den Blättern getrunken. Bei Augenentzündungen wird das Auge in einem Aufguss aus den Blättern oder Knospen gebadet. Morgendlicher Übelkeit in der Schwangerschaft kommt man mit einem Umschlag aus den Blättern bei. Belegt ist auch, dass mit Annatto Sodbrennen, Krätze, Geschwüre, Masern, Lepra, Tumore und Harninfekte behandelt wurden.

Mehrere verbreitete, identische medizinische Verwendungen von *B. orellana* trifft man in diversen Kulturen in Ländern Süd- und Mittelamerikas an, etwa als Fiebermittel, Aphrodisiakum, Antidiabetikum und Insektenmittel.

In verschiedenen Teilen der Pflanze wurden viele bioaktive Bestandteile entdeckt, u. a. Carotinoide, Sterole, Monoterpene, Sesquiterpene, Triterpenoide und flüchtige Öle. Diese Verbindungen zeigen zahlreiche pharmakologische Aktivitäten, die traditionelle medizinische Verwendungen unterstützen, etwa antimikrobielle, antioxidative, entzündungshemmende, Antikrebs-, schmerzlindernde und solche erhöhter Magen-Darm-Beweglichkeit.

Links: Annattostrauch (*Bixa orellana*), Pigment aus Guyana. Laut Etikett wurde das als „farvah" bezeichnete Pigment von den „Guyana-Indianern hergestellt". Kew Economic Botany Collection.

Rechts: Annattostrauch (*Bixa orellana*) mit Fink, aus: *Le jardin des plantes* (1842) von Pierre Bernard.

FÄRBEN UND AROMATISIEREN

Für die indigenen Völker der Neotropis ist der Annattostrauch bis heute wichtig, auch wirtschaftlich. Aus dem Fruchtfleisch samt Samen werden Erfrischungsgetränke wie *tazcalate* (ein Schokoladengetränk aus Chiapas, Mexiko) gemacht, außerdem Pulver, Öle und Pasten, mit denen viele lateinamerikanische und karibische Gerichte gefärbt und aromatisiert werden, z. B. die dominikanischen *pasteles en hoja* und die kubanischen *ajiaco.* Annatto hat einen blumigen, leicht süßen Duft und einen pfeffrigen Geschmack. Er findet sich in vielen Milchprodukten und Backwaren; 70 % der weltweit konsumierten natürlichen Farbstoffe basieren auf ihm. Die aus den Samen gewonnenen Pigmente finden auch in Kosmetik- und Hautpflegeprodukten sowie als Textil- und Lederwarenfarbstoff Verwendung.

ANNATTOSTRAUCH

WISSENSCHAFTLICHER NAME:
Erythroxylum coca

FAMILIE:
Erythroxylaceae (Rotholzgewächse)

DEUTSCHE TRIVIALNAMEN:
Cocastrauch; Kokastrauch; Kokapflanze; Peruten

SPANISCHE TRIVIALNAMEN:
coca del monte („Berg-Coca"); hoje de coca („Coca-Blatt")

INDIGENE NAMEN:
coca; coca-á; epadú; huangana coca; ipadu; ipatú; padú (Aymara); ka-heé; kuka (Quechua); pa-too; patú; pussachpan

NATÜRLICHES VERBREITUNGSGEBIET:
W-Südamerika (inkl. Amazonasbecken und Anden)

HABITATE:
Wälder und Abholzungen in den Tropen; Buschland; natürliches Grasland; Hangzonen (mit Höhen von 120–500 m)

LEBENSFORM:
Strauch

VERWENDUNGEN:
Anregungsmittel; Medizin; spirituell; sozial

COCASTRAUCH

Erythroxylum coca wird seit Jahrtausenden von den indigenen Völkern Süd- und Mittelamerikas als allgemeines Anregungsmittel sowie für medizinische und andere Zwecke genutzt. Es ist eine der ältesten Kultur-Heilpflanzenarten. Traditionell kaut (lutscht) man die getrockneten Blätter ihrer anregenden Eigenschaften wegen, um Energie zu tanken, Hunger zu reduzieren und in großen Höhen die Ausdauer zu verbessern.

Coca ist ein hübscher holziger Strauch, der in der Regel 2–3 m hoch wird und gerade Äste mit einfachen, dünnen, ovalen, hellgrünen, an beiden Enden spitzen Blättern hat. Die kleinen, gelblich weißen Blüten, die in Büscheln wachsen, haben fünf Kronblätter und herzförmige Staubbeutel. Nach der Bestäubung entwickeln sich daraus hellrote Beeren.

Archäologische Funde bestätigen, dass der Cocastrauch schon seit langer Zeit genutzt wird. Darauf deuten 3.000 Jahre alte mumifizierte menschliche Überreste der Alto-Ramirez-Kultur in Nordchile und 2.000 Jahre alte Mumien aus Nazca in Peru hin, bei denen man *chuspas* – kleine Beutel mit Cocablättern – fand. Mehrere prähistorische Artefakte von Stätten in der südamerikanischen Andenregion und in Teilen Mittelamerikas belegen, wie verbreitet die Verwendung von Coca damals war. Auf der Halbinsel Santa Elena in Ecuador fand man kleine, kalebassenartige Kalkbehälter aus Keramik von 2100 v. Chr. (Zeit der Valdivia-Kultur), die den kleinen Kalebassen zu entsprechen scheinen, die heute von Coca-Kauern (*coqueros*) benutzt werden. Und an dortigen Begräbnisstätten barg man Kalkbehälter aus Muscheln, die aus der Zeit um 8850–4650 v. Chr. (Zeit der Las-Vegas-Kultur) stammen, also noch älter sind.

In Carchi-Stätten in Ecuador wurden Keramikfiguren von Coca-Kauern ausgegraben, die auf etwa 500 v. Chr. zurückgehen. Vom Coca-Konsum zeugt auch die chemische Analyse von Haaren und Zähnen mumifizierter menschlicher Überreste. Einige Anden-Mumien wurden sogar mit Coca-Priem (*chique*) im Mund begraben. In der Prä-Inka-Zeit scheint der Genuss von Coca den oberen sozialen Schichten vorbehalten gewesen zu sein; Coca wurde über beträchtliche Entfernungen in Hochlandregionen transportiert, wo es nicht angebaut wurde. Die Quimbaya in Kolumbien fertigten Goldgefäße für den Kalk, den man beim Kauen der Blätter verwendete.

Die weiträumige Verbreitung von *Erythroxylum* geht auf die Inkaherrscher Mayta Cápac (1290–1320) und Rocca (gest. 1315) zurück, die den Strauch als heilige Pflanze erachteten, die es zu verehren und anzubeten galt. Ende des 14. Jahrhunderts wurde er bei den Inka viel genutzt. Er entwickelte sich zu einem bedeutenden Faktor im Inkareich, und nach der Eroberung neuer Landstriche wurden an passenden Stellen Plantagen angelegt. Die Inkapriester erklärten den Strauch zu einer Gabe des Sonnengottes und erlaubten es nur einer Elite, die Blätter zu kauen. Mitglieder des Herrscherhauses belohnten die Erledigung kleiner Aufgaben mit einem Beutel Coca-Blätter, und man verwendete die Blätter bei diversen religiösen Zeremonien und Ritualen. Wahrsager der präkolumbianischen Anden förderten ihre hellseherischen Fähigkeiten mit der Pflanze, und Inkapriester warfen die Blätter bei Heilungszeremonien als Opfergabe in Flüsse, um Krankheiten wegzuspülen.

In verschiedenen Bevölkerungsgruppen der Anden und des Amazonasbeckens herrschen noch immer traditionelle Formen des Coca-Genusses vor. Die Art des Konsums ist seit Jahrhunderten die gleiche: Die Coca-Kauer tragen *vicuña*-Beutel bei sich, in denen sich die getrockneten Blätter, eine Kalebasse (*popóro*) mit einem Klötzchen Kalk aus Quinoa- (*Ilipta*-)Asche darin sowie ein Stöckchen zum Herausnehmen des Kalks befinden. Man legt sich ein Bündel Blätter in den Mund und gibt dann und wann ein wenig Kalk hinzu, der das aktive Alkaloid (Kokain) freisetzt, das direkt auf das zentrale Nervensystem einwirkt. Die Gesamtmenge Kokain, die traditionelle Coca-Kauer auf diese Weise konsumieren, ist winzig und nicht mit den Dosen zu vergleichen, die Drogenkonsumenten zu sich nehmen.

Als traditionelle Arznei wird die Pflanze zur Behandlung verschiedener Erkrankungen genutzt, etwa von Mund-, Muskel- und Knochenschmerzen, Höhenkrankheit, Kopfweh, Abgeschlagenheit und Verdauungsproblemen sowie Schwermut und Impotenz.

In der modernen Chirurgie nutzt man auf Kokain basierende Lokalanästhetika, aber ohne seine aufputschende Wirkung. Das globale Getränk Coca-Cola enthält bekanntlich Coca-Blatt-Extrakte, denen das Kokain entzogen wurde.

Cocastrauch (*Erythroxylum coca*), aus: *Curtis's Botanical Magazine*, Bd. 120 (1894).

COCA-MYTHEN

Um den Cocastrauch ranken sich viele Legenden. In einer ist Coca eine junge, schöne Frau aus der Region Kollasuyo (bolivianisches Hochland), einer der vier Provinzen des Inkareichs. Sie war so begehrenswert, dass sie viele Liebhaber hatte, was zu Eifersucht und Rivalität führte und den sozialen Zusammenhalt gefährdete. Die Inkaherrscher berieten sich mit den Priestern, die aus den Eingeweiden eines Lamas lasen, Coca müsse geopfert werden. Nachdem man Teile ihrer Leiche in den Gärten ihrer Liebhaber bestattet hatte, spross dort jeweils ein Strauch, der ihr zu Ehren „Coca" genannt wurde.

Eine andere Legende hebt die Eigenschaften des Strauchs hervor und erzählt, wie Khuna, der Gott des Schnees, des Donners und des Blitzes, sich über die Oberhäupter der Yunga ärgerte, weil sie ihrem Volk erlaubt hatten, seine Wälder niederzubrennen und mit dem Ruß seine Tempel – die schneebedeckten Kuppen des Illimani und des Mururata – zu besudeln. Zur Strafe verbannte er sie aus der Hauptstadt und vom Titicacasee und zwang sie, als Nomaden in den Bergen umherzuwandern. Hungrig, erschöpft und an der Schwelle des Todes stießen sie auf einen Cocastrauch, und nachdem sie ein paar Blätter gekaut hatten, gelang es ihnen, die tückischen Berge bis Tiwanaku zu überwinden.

WISSENSCHAFTLICHE NAMEN:
Guaiacum officinale; G. sanctum

FAMILIE:
Zygophyllaceae (Jochblattgewächse)

LATEINISCHER NAME:
lignum vitae

DEUTSCHE TRIVIALNAMEN:
G. officinale: Franzosenholzbaum, Pockholzbaum; *G. sanctum*: Heiliges Pockholz

ENGLISCHE TRIVIALNAMEN:
guaiac; guaiacum; Indian wood; Indian alexipharmick; pockwood; tree of life; wood of life

SPANISCHE TRIVIALNAMEN:
guayacán; guayacán chaparro; guayácan de playa; guayacán extranjero; guayacán flor azul; guayacán negro; guayacán verdader; guayaco; palo santo

PORTUGIESISCHE TRIVIALNAMEN:
guaiaco; pão santo

FRANZÖSISCHE TRIVIALNAMEN:
bois de gaïac; bois de vie; bois saint; gaïac; gayac

INDIGENE UND ANDERE NAMEN:
aga-na (Zapoteken); guayacán (Taíno); guayacincillo (Kuba); guyac jaune vert (Martinique); matlaquahuitl (Nahuatl); vera, bera (Haiti); yutnu-tandaa (Mixteken); zoon (Maya)

NATÜRLICHES VERBREITUNGSGEBIET:
Mittelamerika; Karibik; Florida; S-Nordamerika

HABITATE:
tropische Savannen; Buschland; Feuchtgebiete (im Inland)

LEBENSFORM:
kleiner immergrüner Baum oder Strauch

VERWENDUNGEN:
Medizin; Nutzholz; Nahrungszusatz und Aromastoff; Parfüm; Farbstoff; ökologisch; Zierpflanze

---

POCKHOLZ

Bäume der Gattung *Guaiacum* (Guajak, auch Lignum vitae oder Heiliges Pockholz) werden seit Jahrhunderten wegen ihres harten, dichten Holzes und ihrer medizinischen Eigenschaften genutzt. Guajak war ab Anfang des 16. Jahrhunderts eine bedeutende Exportpflanze aus der sogenannten Neuen Welt; das Holz wurde bis zum Zweiten Weltkrieg von den Bahamas nach Großbritannien und in die USA verschifft.

Von den fünf anerkannten Arten der Gattung *Guaiacum* waren *G. officinale* und *G. sanctum* die vorrangigen Materiallieferanten. *G. officinale* gedeiht an den Küsten Venezuelas und Kolumbiens und auf den Westindischen Inseln, *G. sanctum* in Kuba, Haiti, auf den Bahamas und in Florida. Das selbstschmierende, harte Holz ist ein ideales Material für Lager, Achsen und Rollen und wurde in Stahlwerken und für die Achslager von Dampfschiffpropellern sowie für Polizeiknüppel und Bowlingkugeln verwendet. Das Holz von *G. officinale* ist wertvoller als das von *G. sanctum*, doch beide werden unter demselben Namen gehandelt und selten unterschieden.

Aus dem Kernholz von *G. officinale* und *G. sanctum* wird Guajakharz gewonnen. Kleine Tropfen lassen sich auch vom Stamm absammeln, der sie ausschwitzt. Traditionell wurde ihm das Harz, das ein Viertel des Kernholzes ausmachen kann, entzogen, indem man in Stücke des Holzes Löcher bohrte und sie anzündete, was das Harz abfließen lässt. Alternativ kochte man das Sägemehl in Meerwasser oder entzog ihm das Harz mit Lösemitteln. Es ist in den USA und Europa als Nahrungszusatz zugelassen und war einst eine bedeutende Arznei, die zu verschiedenen Zeiten in der *US Pharmacopoeia* (Arzneibuch) aufgeführt war. Welch große historische Bedeutung *Guaiacum* in der Karibik hatte, belegt seine heutige symbolische Rolle als Nationalbaum der Bahamas und Nationalblume Jamaikas.

G. officinale und *G. sanctum* sind kleine, langsamwüchsige Bäume, die bis zu 10 m hoch werden und einen kurzen, dicken Stamm (manchmal auch mehrere) und eine dichte, runde, bis zu 2,5–3,5 m breite Krone haben. Ein *G.-sanctum*-Exemplar in Florida soll über tausend Jahre alt sein. Die immergrünen, ledrigen Blätter sind gegenständig und gefiedert, 4–10 cm lang und bestehen aus 2–5 Paaren ovaler bis länglicher Blättchen. Die Blüten sind bläulich violett, verblassen zu Weiß und stehen einzeln oder in Büscheln. Die Frucht ist gelb oder orange, herzförmig und etwa 2 cm lang. Das Splintholz ist hellgelb, das Kernholz grünlich braun, schwerer als Wasser, aromatisch und sehr widerstandsfähig gegen Trockenholztermiten. Als eines der schwersten Nutzhölzer ist es schwer zu spalten, dafür hat es eine sehr feine Maserung und lässt sich gut schleifen. Wegen seines hohen Ölanteils ist es relativ wasserdicht.

Links: Pockholzbaum (*Guaiacum officinale*), aus: *Plantae utiliores*, Bd. 1 (1842), von Mary Ann Burnett.

Rechts: Aus dem Holz von *Guaiacum officinale* gefertigte Bowlingkugel. Kew Economic Botany Collection.

Die indigenen Taíno (Arawak) von der Insel Hispaniola (in der heutigen Dominikanischen Republik und Haiti) nutzten *Guaiacum* medizinisch, insbesondere für einen Sud zur Behandlung von Geschlechtskrankheiten. Eine wahrscheinlich uralte Legende aus Hispaniola, aus dem Verona des Jahres 1530 und publiziert vom Arzt und Dichter Girolamo Fracastoro (1478–1553, übrigens ein früher Verfechter der Bazillentheorie), erzählt, wie der rachsüchtige Sonnengott einen Hirten namens Syphilus für seine Treulosigkeit strafte, indem er ihm eine Krankheit auferlegte. Als sein Zorn verflogen war, ließen die Götter zur Heilung der Krankheit junge Triebe des „heiligen Holzes" sprießen. Man konnte betroffene Körperteile mit einem Aufguss aus dem Holz benetzen.

Die Legende soll spanische Seeleute derart beeindruckt haben, dass sie das Holz mit nach Hause nahmen. Im frühen 16. Jahrhundert intensivierte sich die Nutzung des „heiligen Holzes" durch die Nachfrage nach Mitteln gegen die neuartige, verheerende Krankheit, die, 1493 von Barcelona ausgehend, ganz Europa überzog. Es war die Syphilis, welche von Mitgliedern von Christoph Kolumbus' Mannschaft verbreitet wurde, die sich auf Hispaniola beim Sex mit einheimischen Frauen angesteckt hatten. Während die Syphilis nach Europa eingeschleppt wurde, starb in den 25 Jahren nach Kolumbus' Ankunft auf der Insel ein Großteil der Taíno aufgrund von Versklavung, Massakern und Krankheiten, insbesondere Pocken.

Guajakharz wurde zur Stimulierung der Menstruation und – Gerichtsakten aus dem 18. Jahrhundert zufolge – wohl auch als Abtreibungsmittel verwendet. Guajak ist in der traditionellen Medizin noch immer als Entzündungshemmer, mildes

Laub, Blüten und Früchte von Lignum vitae [Guaiacum officinale], Jamaika (1872) von Marianne North (1830–1890).

Abführ-, harntreibendes und Rheumaschmerzmittel in Verwendung. Man behandelt damit Gicht, Asthma, Schuppenflechte und Halsschmerzen. In der Tiermedizin wird es als innerlich angewandtes Antiseptikum genutzt. Aus den Samen wird ein Zahnschmerz linderndes Öl gewonnen. Auf den Bahamas weicht man heute die Rinde in Wasser ein und erhält so ein anregendes Elixier, das auch aphrodisierende Eigenschaften haben soll.

Eine Derivatarznei von *Guaiacum*, Guaifenesin, hilft in Husten- und Erkältungsmitteln bei festsitzendem Schleim. Das Holz kommt auch in antiseptischen Mundwässern vor; das Harz enthält eine phenolische Verbindung, mit deren Hilfe in Stuhlproben Blut entdeckt werden kann, ein möglicher Hinweis auf Dickdarmkrebs und andere Erkrankungen des Magen-Darm-Trakts.

Beobachtete entzündungshemmende Eigenschaften von Guajak gehen wahrscheinlich auf die darin enthaltenen Lignane zurück (faserassoziierte Phenolverbindungen, die die Bausteine von Pflanzenzellwänden, vor allem von Holz und Rinde, bilden). Guajakextrakte haben insofern eine signifikante Antikrebswirkung gezeigt, als sie die Zellvermehrung von Brustkrebszellen hemmen, was für eine weitere Erforschung spricht. Suspensionen aus der Fruchtwand (die gereifte Wand des die Samen umhüllenden Fruchtknotens) haben Molluskizidaktivität gegen Schnecken, Zwischenwirte der Bilharziose (eine von parasitischen Platt- oder Saugwürmern verursachte Tropenkrankheit), gezeigt.

In Florida und Kalifornien wird Pockholz seines hübschen Aussehens und seiner schönen Blüten wegen als Zierpflanze und Schattenbaum gepflanzt. Man kann ihn auch zu Hecken und Formschnittpflanzen schneiden, er wächst allerdings sehr langsam. Aus seinem Holz werden Schneidebretter, Mörser und Stößel sowie Holzschnitzereien gefertigt. Auch Holzkohle wurde daraus gemacht.

Als Nahrungszusatz wird das Harz von *G. officinale* als Antioxidans (unter der Nummer E314) und Vorratsschutzmittel (unter der Nummer E241) klassifiziert. Es wird zur Vorbeugung von Versauerung Speiseölen zugesetzt und auch in Kaugummi verarbeitet. Außerdem verleiht es in der traditionellen karibischen und lateinamerikanischen Küche als Aromastoff Soßen Würze. Schließlich wird das Harz auch für Parfüme und wurde Berichten zufolge auch als Färbepflanze genutzt.

Aufgrund von Raubbau und Habitatverlust sind alle *Guaiacum*-Arten in Anhang II des Washingtoner Artenschutzübereinkommens (CITES) aufgenommen worden, das den Handel mit gefährdeten Arten regelt. *G. officinale* wird zudem in der Roten Liste der IUCN als „stark gefährdet“ und *G. sanctum* aktuell als „potenziell gefährdet“ geführt.

WISSENSCHAFTLICHER NAME:
Theobroma cacao

FAMILIE:
Malvaceae (Malvengewächse)

DEUTSCHER TRIVIALNAME:
Kakaobaum

ENGLISCHE TRIVIALNAMEN:
cocoa; cocoa bean

FRANZÖSISCHER TRIVIALNAME:
cacaoyer

PORTUGIESISCHE TRIVIALNAMEN:
cacao; cacaueiro

SPANISCHER TRIVIALNAME:
cacaotero

NATÜRLICHES VERBREITUNGSGEBIET:
S-Mexiko; Mittelamerika bis tropisches Südamerika

HABITAT:
tropische Tieflagenwälder

LEBENSFORM:
Baum

VERWENDUNGEN:
Nahrung und Getränk; Viehfutter; Medizin; Kosmetik; Mulch (Torfersatz)

KAKAOBAUM

Dem Kakaobaum verdanken wir die Schokolade, eines der weltweit beliebtesten Nahrungsprodukte und Aromen, gewonnen durch Mahlen seiner Samen („Bohnen“). Der wissenschaftliche Name der Gattung *Theobroma* („Götterspeise“) geht auf seine spirituelle Bedeutung und das Wort Schokolade auf *xocolatl* zurück, das in der Aztekensprache Nahuatl „bitteres Wasser“ bedeutet.

In seinem natürlichen Verbreitungsgebiet wächst der Kakaobaum als Unterholzbaum in immergrünem tropischem Tieflandregenwald, meist unterhalb von 300 m ü. d. M. und oft an Flussufern. Botaniker*innen vermuten, dass er aus den Quellgebieten des Amazonas stammt und sich in zwei Hauptrichtungen ausgebreitet hat: nordwärts nach Mittelamerika und ins südliche Mexiko bzw. entlang dem Amazonasbecken in Richtung der Guayanas.

Der Baum ist in der Regel kleiner als andere Regenwaldbäume, die ihn beschatten, und wird 5–8 m, bei günstigen Lichtverhältnissen u. U. auch 20 m hoch. Seine Blätter sind lang zugespitzt mit auffälliger Mittelrippe. Ihre Farbe variiert von Grün bis Violett je nach Klon oder Sorte, d. h. der jeweiligen Anthocyan-Konzentration (ein Flavonoid-Pigment). Mit zunehmendem Alter lässt ihre Pigmentierung nach, und sie werden dunkelgrün und ledrig.

Die zweigeschlechtigen, kleinen, gelbweißen bis blassrosa Blüten sitzen in Büscheln am Stamm und an den verholzten Ästen und treiben das ganze Jahr über aus. Ein ausgewachsener Kakaobaum kann jährlich 100.000 Blüten tragen, von denen sich aber nur 0,1 % nach der Bestäubung durch Mücken zu Früchten entwickeln. Die nicht bestäubten Blüten fallen innerhalb von 48 Stunden nach Öffnen ab. Die großen, eiförmigen Früchte („Kakaoschoten") sind im unreifen Zustand meist grün, im reifen gelb, bei manchen Sorten aber violett oder weinrot und im reifen Zustand orange. Jede Schote enthält 30–40 Samen, die in süßem, weißem, schleimigem Fruchtfleisch stecken. Letzteres wurde wie das anderer Früchte, etwa Sauersack (*Annona muricata*), als „für den Gaumen verlockend" beschrieben. In der Natur fressen Nagetiere (z. B. Goldhasen) und Affen es und tragen so zur Verbreitung der Samen bei.

Neben Schokolade als Hauptprodukt wird die Kakaofrucht auch als Rohstoff für andere Dinge genutzt, wie z. B. Kosmetik, alkoholische Getränke, Säfte und Eiscreme. Für die Herstellung von Kakao werden die Samen mittels Fermentierung vom Fruchtfleisch getrennt; dabei entwickeln sich die für Geschmack und Duft verantwortlichen Verbindungen, was aus den Samen Kakao„bohnen" macht. Diese werden getrocknet (in der Sonne oder mit Trockengeräten) und geröstet, im abgekühlten Zustand geknackt und von den Schalen befreit, und die so gewonnenen kleinen Kakaonibs werden zu Kakaopulver, Kakaobutter und anderen Schokoladenprodukten weiterverarbeitet.

Zu den Abfallprodukten der Verarbeitung von Kakao zu Schokolade gehören Kakaoschotenhülsen, -fruchtfleisch und „-honig". Die Hülsen werden für Viehfutterrezepturen genutzt. Ein Mulch aus den nach dem Rösten der Bohnen anfallenden zerstoßenen Hülsen kann als umweltfreundliche Alternative zu Torf die Bodenfruchtbarkeit und -gesundheit verbessern. „Kakaohonig" ist ein brasilianisches Getränk aus der klaren, süßen Flüssigkeit, die dem Fruchtfleisch vorm Vergären entzogen wird.

Theobromin, das wichtigste in Schokolade enthaltene, mit Koffein verwandte Alkaloid, wird in einigen Kosmetikprodukten verarbeitet. Für Hunde, Katzen und ein paar andere Tiere macht es Schokolade jedoch giftig; sie verstoffwechseln die Verbindung langsam, was deren Giftigkeit stark erhöht.

Menschen konsumieren Kakao seit Jahrtausenden, mindestens seit der Olmekenkultur (1500–400 v. Chr.), einer der frühesten mesoamerikanischen Zivilisationen und der ersten, für die der Kakaoanbau belegt ist. Die Pflanze hatte kulturelle und spirituelle Bedeutung; so legen archäologische Zeugnisse nahe, dass Kakaogetränke in Mittelamerika schon vor 1000 v. Chr. bei rituellen Zeremonien verwendet wurden. Die ersten waren wahrscheinlich alkoholischer Art und wurden durch Vergären des süßen Fruchtfleischs hergestellt, nicht der gemahlenen bitteren

Verschiedene Sorten Kakao (*Theobroma cacao*). Arzneistoffe aus dem späten 19. Jahrhundert, Schenkung der Pharmaceutical Society of Great Britain. Kew Economic Botany Collection.

Samen, die erst später genutzt wurden. Die Olmeken betrachteten den Kakaobaum als Baum des Lebens, mit dessen Hilfe sie mit den Gottheiten und der übernatürlichen Welt kommunizierten; Kakao-Opfergaben sollten reiche Ernten bewirken.

Kakao war auch mit Menschenopfern verknüpft; man fand ihn zusammen mit Überresten geopferter Menschen in Grabgruben. Kakaogetränke symbolisierten Blut, was der häufige Zusatz des roten Pigments Annatto (vom Annattostrauch, *Bixa orellana*, s. S. 70) noch unterstrich.

Laut Schöpfungsgeschichten der Maya, wie sie im *Popol Vuh* („Volksbuch") aus dem 18. Jahrhundert dokumentiert sind, das die mündliche Mythologie und Geschichte der K'iche' festhält, schufen die Götter den Menschen aus Mais und Kakao. Alte Artefakte zeigen Gottheiten wie die Mondgöttin Ixchel oder den Regengott Chaac beim gegenseitigen Darbieten von Kakaogaben.

Als göttlich galt der Kakao auch in anderen indigenen mesoamerikanischen Kulturen, so bei den Azteken, die ihn bei zeremoniellen Festen und gesellschaftlichen Ereignissen wie Hochzeiten oder religiösen Ritualen genossen. Einem Mythos zufolge holte die gefiederte Schlangengottheit Quetzalcoatl den Kakaobaum von einem heiligen Berg, gab ihn den Tolteken und brachte den Frauen die Zubereitung von Trinkschokolade bei. Die Mesoamerikaner tranken mit Wasser vermischte gemahlene Kakaosamen und würzten das Getränk mit Spanischem Pfeffer (*Capsicum annuum*), Vanille (*Vanilla planifolia*, s. S. 92), Annatto (*Bixa orellana*, s. S. 70), aromatischen Kräutern oder Honig.

In der Aztekenkultur war Kakao ein wertvolles Gut, dessen Genuss überwiegend der Elite vorbehalten war, d. h. Mitgliedern des Herrscherhauses und Kriegern. Man verwendete die Bohnen auch als Währung. Wie Bobadilla, ein Mercedariermönch im heutigen Nicaragua, 1528 berichtet hat, bekam man für zehn Bohnen ein Kaninchen und für hundert einen Sklaven.

Schokolade werden aphrodisierende Eigenschaften zugesprochen, vielleicht aufgrund von Mythen um Montezuma II. (um 1466–1520, der Aztekenherrscher, der für seinen Zusammenstoß mit dem spanischen Konquistador Cortés bekannt ist), der vor dem Besuch seiner riesigen Harems Kakao getrunken haben soll.

Einige frühe spanische Historiker berichteten von indigenen medizinischen Verwendungen von Kakao und Kakaobutter, etwa einer Paste aus Schokolade und Chilipfeffer zur Behandlung von Magenbeschwerden und Katarrhen. Laut dem Ethnobotaniker Richard Schultes verwendete die indigene Bevölkerung Kolumbiens gern einen Aufguss aus Kakaoblättern als harntreibendes und herzstärkendes Mittel. In Mittelamerika legt man die jungen Blätter ihrer antiseptischen Eigenschaften wegen auf Wunden, und die Aligandi Cuna gehen mit den Blüten gegen Schraubenwurmfliegen im Auge vor.

Bekannt ist auch die Anwendung von Kakao bei Haarausfall, Verbrennungen, Husten, trockenen Lippen, Fieber, Malaria, Nephrose, Rheumatismus, Schlangenbissen und Wunden. Die Wurzelrinde hat, wohl wegen ihres Tanningehalts, Antitumoreigenschaften.

Kakaobaum (*Theobroma cacao*). Aquarell und Gouache auf Papier aus der Jane Hutton Collection (1820).

Mit oberflächlich aufgetragener Kakaobutter werden traditionell Hautprobleme behandelt, u. a. Ausschläge, gesprungene Lippen, wunde Brüste und Genitalien. Die Karijona setzen bei Ekzemen geröstete Kakaosamen ein, die in dem beim Maniokpressen austretenden Wasser gekocht wurden.

Indigene Völker schufen die Blaupause für die medizinische Schokolade, die europäische Ärzte sich aneigneten und schon im 17. Jahrhundert für Medikamente nutzten. Dazu gehörten Chinin-, „Wurm"- und Eisenschokoladen. Mit Kakaopulver kaschierte man auch den Geschmack vieler Arzneien. Selbst die Milchschokolade wurde (vom irischstämmigen Arzt Sir Hans Sloane, 1660–1753) mutmaßlich als Medikament entwickelt, um die Bekömmlichkeit des sehr fetthaltigen Kakaos zu erhöhen, und wurde zu einer „Gesundheitskost" des 19. Jahrhunderts. Im 18. und frühen 19. Jahrhundert fand Kakao Eingang in viele europäische Arzneibücher. Kakaobutter galt auch als nützlich gegen Entzündungen, Verbrühungen und Pocken und fand breite Verwendung als Grundlage von Zäpfchen, Lokaltherapien und Kosmetika. In der Kosmetikindustrie ist sie noch heute ein wichtiger Inhaltsstoff, insbesondere als Feuchtigkeitsspender.

Die medizinischen Eigenschaften von Kakao sind auch Thema der modernen wissenschaftlichen Literatur; so deuten mehrere Studien auf seine Antitumor-, Antidiabetes- und schützenden Kardiovaskular-Eigenschaften hin, ohne dass diese bisher in konkrete klinisch nützliche Effekte überführt werden konnten. Kakao ist reich an Ernährungsflavonoiden, die mit einer Senkung des Risikos bestimmter Krebserkrankungen in Verbindung gebracht werden. In der amerikanischen Ernährung wird Schokolade als dritthöchster Antioxidantienspender angesehen.

Schokolade ist wirklich eine Speise der Götter.

GLOBALE PRODUKTION

Der Kakao stammt zwar aus Mittel- und Südamerika, doch heute kommen 70 % seiner weltweiten Produktion aus Westafrika, vor allem aus der Elfenbeinküste, Ghana, Nigeria und Kamerun. 2019 produzierte die Elfenbeinküste rund 2,1 Mio. t Kakaobohnen. Bis zur Einschleppung der von dem Pilz *Moniliophthora perniciosa* verursachten pathogenen Hexenbesenkrankheit 1989 war Brasilien der zweitgrößte Kakaoproduzent; heute liefert es nur noch 4 % der Weltproduktion.

WISSENSCHAFTLICHE NAMEN:
Vanilla planifolia; V. pompona; Vanilla × tahitensis (eine Kreuzung von *V. odorata* und *V. planifolia)*

FAMILIE:
Orchidaceae (Orchideen)

DEUTSCHE TRIVIALNAMEN:
Vanilla planifolia: Gewürzvanille, Echte Vanille; *Vanilla pompona:* Bananenvanille; *Vanilla × tahitensis*: Tahiti-Vanille

ENGLISCHER TRIVIALNAME:
vanilla

FRANZÖSISCHER TRIVIALNAME:
vanille

BRASILIANISCH-PORTUGIESISCHER TRIVIALNAME:
baunilha

SPANISCHE TRIVIALNAMEN:
vainilla; vainilla mansa

INDIGENE NAMEN:
tlīlxochitl (Nahuatl); xanath (Totonaken); zizbic (Maya)

NATÜRLICHES VERBREITUNGSGEBIET:
S-Mexiko bis Brasilien

HABITAT:
tropische Wälder

LEBENSFORM:
Kletterpflanze

VERWENDUNGEN:
Aromastoff; Parfüm; Medizin

VANILLE

Zur Orchideengattung *Vanilla* gehören über hundert anerkannte Arten, von denen aber nur drei kommerziell für die Herstellung eines der weltweit beliebtesten Aromastoffe genutzt werden. Die Vanille, die vorwiegend aus der Frucht (Schote oder „Stange") der mexikanischen Gewürz- oder Echten Vanille, *V. planifolia*, gewonnen wird, ist im globalen Gewürzhandel seit fünf Jahrhunderten eine wertvolle Ware: Nach Safran ist sie das gewichtsmäßig teuerste Gewürz.

V. planifolia ist eine ausdauernde tropische Kletterpflanze, die sich in ihrem natürlichen Waldhabitat zur Spitze hoher Bäume emporrankt und über 30 m lang wird. Ihre Sprossachse ist dick und fleischig, mit großen, länglichen bis speerförmigen, dunkelgrünen Blättern. Den Blättern gegenüber sitzen sich windende Luftwurzeln, mit denen die Pflanze sich an den Bäumen oder anderen Stützen festhält. Die unscheinbaren Blüten wachsen in Büscheln von 15–20, sind grünlich gelb und verströmen nur wenig, überraschenderweise gar nicht vanilleähnlichen Duft. Sie öffnen sich frühmorgens und werden von heimischen *Melipona*-Bienen bestäubt – in Regionen, in denen die Pflanze standortheimisch ist, gelegentlich auch von Kolibris. Wird die Blüte nicht innerhalb von 24 Stunden bestäubt, verwelkt sie und fällt ab.

Vanilla planifolia. Lithografie von David Blair, aus: *Medicinal Plants: Being Description with Original Figures of the Principal Plants Employed in Medicine and an Account of the Characters, Properties, and Uses of their Parts and Products of Medicinal Value,* Bd. 4 (1880), von Robert Bentley und Henry Trimen.

Bei außerhalb ihres natürlichen Verbreitungsgebiets angebauten Pflanzen müssen die Blüten von Hand bestäubt werden, um Früchte zu tragen. Unglaublicherweise wurde die noch heute gebräuchliche Methode vom zwölfjährigen Edmond Albius (1829–1880) entwickelt, einem versklavten Kind auf der Insel Réunion. Seine Methode der künstlichen Befruchtung revolutionierte den Vanilleanbau und machte Réunion ab dem späten 19. Jahrhundert eine Zeit lang zum weltweit größten, Mexiko überrundenden Vanilleproduzenten. Albius hat dafür nie etwas bekommen und starb in Armut.

Nach der Bestäubung und Befruchtung schwellen die Fruchtknoten an und entwickeln sich innerhalb von vier Wochen zu Früchten („Schoten"). Die hellgrüne Frucht ist schmal und zylindrisch und ähnelt einer dünnen Stangenbohne. Darin sitzen rund 100.000 winzige schwarze Samen. Die reifen, grünen Schoten haben weder Duft noch Geschmack; beides entwickelt sich erst bei der Haltbarmachung, einem langwierigen (6–9 Monate langen) Prozess, bei dem sie in der Regel in der Sonne getrocknet, bedampft und fermentiert werden.

Die behandelten Schoten sind dunkelbraun und schrumpelig, die hochwertigen bisweilen auch mit kleinen Kristallen aus Vanillin besetzt, dem Molekül, das ihnen ihr typisches Aroma verleiht. Sie werden im Ganzen oder als Pulver oder Extrakt verwendet, oder man kratzt die Samen heraus und aromatisiert damit Speisen.

Außer ihrer Bedeutung als Speise- und Getränkearoma ist Vanille einer der beliebtesten Parfümdüfte. In frühen Mayakulturen vermischte man haltbar gemachte Vanilleschoten mit Copalharz und verwendete die Mischung als Weihrauch in Tempeln. In der Region Papantla im Herzen von Mexikos historischem Vanilleanbaugebiet Totonac weben Kunsthandwerker aus Vanilleschoten Figuren und Körbe.

Unser heutiges Wissen über die historischen medizinischen Verwendungen der Vanille in Mittelamerika geht großenteils auf die Handschriften spanischer Konquistadoren aus dem 16. Jahrhundert zurück. Dazu gehörten die Behandlung von Syphilis mit einer Salbe und das Tragen eines Amuletts zum Schutz. Ein Sud aus den Schoten wurde u. a. als harntreibendes Mittel, bei Blähungen, als Fiebersenker und als Gegengift verabreicht. Die frühen Mesoamerikaner und Azteken schmückten mit Vanille auch rituelle und heilige Orte und nutzten sie als Aphrodisiakum.

In den letzten Jahren hat sie aufgrund ihrer pharmakologischen Eigenschaften, insbesondere ihres Hauptbestandteils Vanillin, auch wissenschaftliches Interesse geweckt. Studien haben gezeigt, dass Vanillin antimikrobiell und antioxidativ wirkt. Laut Vorstudien zu Krebszelllinien hemmt Vanillin die Tumorbildung, weswegen es als potenzielle Alternativbehandlung von Lungenkrebsmetastasierung vorgeschlagen wurde. Außerdem hat es sich bei Patienten mit Sichelzellanämie als effektiver Hemmer der sichelförmigen Verformung der roten Blutkörperchen erwiesen und ist vielleicht sogar ein aromatisches Mittel gegen Angststörungen. Manche Menschen reagieren auf die äußerliche oder innerliche Anwendung von Vanille jedoch u. U. allergisch.

Die Vanillepflanze ist kulturell bedeutend und spielt in verschiedenen Mythen und Legenden eine Rolle. Die erste Kultur, in der die Orchidee angebaut und prägend wurde, ist wohl die der mesoamerikanischen Totonaken. Einer ihrer Vanille-Ursprungsmythen erzählt von der schönen Prinzessin Tzacopontziza („Morgenstern"), die von ihrem Vater Teniztli der Göttin Tonacayohua geweiht wurde, sodass kein sterblicher Mann sie zur Frau bekommen konnte. Ein junger Prinz, Xcatan-Oxga, verliebte sich jedoch in ihre Schönheit, und die beiden liefen weg und versteckten sich in den Bergen. Als die nach ihnen ausgesandten Priester die Liebenden entdeckten, wurden sie enthauptet. Da, wo ihr Blut auf die Erde tropfte, sprossen die kräftige Ranke und zarte Blüte einer Vanillepflanze. Laut einer ähnlichen Geschichte einer verbotenen Liebe wurde eine schöne Prinzessin in eine Vanilleblüte verwandelt, weil

Gewürzvanille (*Vanilla planifolia*). Illustration, aus: *Rumphia: sive, Commentationes botanicae imprimis de plantis Indae Orientalis, tum pen incognitis tum qua libris Rheodii Rum Roxburghii, Wallic aliorum recensentu* (1835–1848) von Carl Ludwig von B und William Jacks Hooker.

sie die Annäherungsversuche eines Gottes abwies. Als ihr heimlicher menschlicher Liebhaber davon erfuhr, gab er sein Leben dahin und begab sich als *Melipona*-Biene zu ihr.

Nachdem die Azteken im 15. Jahrhundert die Totonaken erobert hatten, mussten diese dem Aztekenherrscher Montezuma II. (um 1466–1520) Abgaben in Form von Vanille leisten. Mit den gemahlenen Schoten namens *tlil-xochitl* (von *tlilli*: „schwarz" und *xochitl*: vermutlich „Schote") wurde die beim Adel beliebte aztekische Trinkschokolade (Kakaobaum, s. S. 86) gewürzt.

HEUTIGE PRODUKTION

Aufgrund sinkender Populationstrends steht *V. planifolia* auf der Roten Liste der bedrohten Arten der International Union for Conservation of Nature (IUCN) als in der Natur „stark gefährdet". Sie ist dort durch eine Kombination aus Entwaldung und Übererntung bedroht. Heute stammt der Großteil des Gewürzes von Anbaupflanzen außer in Indonesien und Mexiko auch in Madagaskar, auf Réunion und den Komoren. Vanillin lässt sich aus Zellstoff oder Kohleteer künstlich herstellen und wird als synthetischer Ersatzstoff natürlicher Vanille breit eingesetzt.

3

EUROPA

Den frühesten Nachweis anatomisch moderner Menschen (*Homo sapiens*) in Europa erbrachten Fossilien, die in Frankreich in der Grotte Mandrin im Herzen des Rhônetals gefunden und auf ein Alter von 56.800–51.700 Jahren geschätzt wurden. Paläoanthropologische Anzeichen sprechen dafür, dass der heutige Mensch in mehreren Wellen nach Europa einwanderte und einige Gruppen sich mit den Neanderthalern vermischten. Obwohl diese vor 50.000–35.000 Jahren ausstarben, lebt ihr genetisches Erbe in den heutigen Menschen fort, die bis zu 2 % Neanderthal-DNA in ihrem Erbgut haben.

Während der letzten Eiszeit, die ihren Höhepunkt vor etwa 20.000 Jahren erreichte, bedeckten Gletscher große Teile Europas. Pollenfunde zeigen, dass nach der Eisschmelze vor 14.000 Jahren auf Schottlands nackten mineralischen Böden Pflanzen zu wachsen begannen. Zu diesen ersten Pflanzen gehörten Krähenbeere (*Empetrum nigrum*), Birke (*Betula* spp.) und Weide (*Salix* spp.), gefolgt von Esche (*Fraxinus excelsior*), Hasel (*Corylus avellana*), Eiche (*Quercus* spp.), Ulme (*Ulmus* spp.) und Kiefer (*Pinus* spp.).

Vor 10.000 Jahren setzte das wärmere zwischeneiszeitliche Holozän ein, und vor etwa 8.000 Jahren bedeckten Wälder die ganze europäische Landschaft, in Südengland und Kontinentaleuropa in erster Linie Buchenwälder. Vor rund 8.100 Jahren verursachte ein gewaltiger Erdrutsch in Norwegen, das Storegga-Ereignis, einen der größten Tsunamis der Weltgeschichte, der das Land zwischen Großbritannien und Kontinentaleuropa überflutete und so die britische Insel schuf. Genetische Anzeichen lassen vermuten, dass etwa zur selben Zeit die europäische Jäger-und-Sammler-Bevölkerung nach und nach durch aus dem Nahen Osten einwandernde Bauern ersetzt wurde, die neue Techniken sowie domestizierte Pflanzen und Tiere mitbrachten. Zwischen 5000 und 3000 v. Chr. breitete sich die Landwirtschaft in großen Teilen Europas aus, aber zunächst kleinräumig und mit nur lokaler Beeinträchtigung der Wälder. Um grasende Tiere besser jagen zu können, wurde bewaldetes Land auch von Jägern und Sammlern mittels Feuer gerodet. Im Zuge der Ausbreitung der Landwirtschaft wichen die dichten Wälder Europas allmählich Waldweiden und offenen Landschaften, die mit immer mehr Weidetieren erhalten wurden.

Um das 8. Jahrhundert v. Chr. entwickelte sich die griechische Zivilisation. Einer von mehreren Gelehrten im alten Griechenland war Theophrast (371–287 v. Chr.), ein Schüler des Aristoteles. Er wird manchmal der „Vater der Botanik" genannt, denn er hinterließ u. a. zwei umfangreiche botanische Abhandlungen, *Historia plantarum* (*Naturgeschichte der Gewächse*) und *De causis plantarum* (*Über die Ursachen der Pflanzen*). Mehrere Bände waren damals breit verwendeten Pflanzen, ihrer Einteilung und Beschreibung wie auch Anbaumethoden gewidmet. Von den zehn Büchern seiner *Naturgeschichte der Gewächse* sind neun erhalten. In einem geht es um Pflanzensäfte, Gummis und Harze und die medizinischen Eigenschaften von Hunderten Pflanzen. Theophrast interessierte sich auch für wilde Pflanzen und trug seinen Schülern auf, sie zu sammeln und mit ihnen zu experimentieren, um herauszufinden, ob man sie nutzen könnte. Seine Schriften blieben die ganze

Antike hindurch und bis ins Mittelalter eine Quelle botanischen Wissens; ursprünglich in Konstantinopel aufbewahrt, wurden sie Jahrhunderte später ins Lateinische übersetzt und im Jahr 1483 erstmals gedruckt. Zu den vielen ausführlich dargestellten Pflanzen in seiner *Naturgeschichte der Gewächse* gehört die Alraune (*Mandragora officinarum*, s. S. 114), die er für die Herstellung von Liebestränken empfahl.

Plinius d. Ä. (23–79) war Gelehrter, Naturforscher, Offizier und kaiserlicher Verwaltungsbeamter im Römischen Reich (er starb bei dem Versuch, sich vor dem Ausbruch des Vesuvs in Sicherheit zu bringen). Er war Autor eines enzyklopädischen Werks, *Naturalis historia* (*Naturkunde*), das 37 bis heute erhaltene Bände umfasst, darunter zur Anthropologie, Botanik und Pharmakologie. In seinen Werken beschreibt Plinius die Rolle der Elemente der Natur in Bezug auf das Leben der Menschen und gibt detaillierte Informationen über etwa tausend Heilpflanzen. So erwähnt er z. B. die zeremonielle Verwendung der Mistel (*Viscum album*, s. S. 132) bei den Druiden und die Volksweisheit, dass Holunder (*Sambucus nigra*, s. S. 120), wenn er außer Hörweite krähender junger Hähne wächst, das beste Holz für Flöten und Hörner abgibt.

Eine andere wichtige Persönlichkeit der antiken Botanik und Medizin war im 1. Jahrhundert der griechische Arzt und Botaniker Pedanios Dioskurides (um 40–90), der im Römischen Reich Militärarzt war und auf seinen Reisen mit Neros Armee Heilpflanzen untersuchte. Dioskurides gilt als „Vater der Pharmakologie“ und schrieb im Jahr 77 sein berühmtes Werk *De materia medica* (*Über Arzneistoffe*). Es enthält medizinische Informationen über rund 600 Pflanzen und gilt als Vorläufer der modernen Arzneibücher (Pharmakopöen). Es blieb jahrhundertelang eine bedeutende Quelle medizinischen Wissens, und noch im 19. Jahrhundert fanden sich viele Heilpflanzen aus seinem Werk in europäischen Pharmakopöen, darunter Johanniskraut (*Hypericum perforatum*, s. S. 108) und Weißdorn (*Crataegus monogyna*, s. S. 102).

Erst im 18. Jahrhundert wurde dann mit zunehmender Verbreitung des naturkundlichen Wissens die heute in der Biologie gebräuchliche Taxonomie (systematische Kategorisierung der Lebewesen) entwickelt, die auf Arbeiten des schwedischen Systematikers Carl von Linné (1707–1778) beruht. Linnés System zur Taxonomie umfasste einen einheitlichen Gebrauch der binären Nomenklatur und ein hierarchisches Ordnungssystem, die er in seinem erstmals 1735 veröffentlichten *Systema naturae* anhand von über 7.300 Arten darlegte. Als junger Mann hatte er an einer sechsmonatigen Expedition nach Lappland teilgenommen, um sowohl die dortige Natur als auch die Bräuche und traditionellen Verwendungsweisen der Pflanzen durch die indigenen nomadischen Sami zu dokumentieren. In seiner als erstes proto-modernes Pflanzenbuch geltenden *Flora Lapponica* beschrieb er die dortigen Pflanzen, darunter über hundert zuvor unbekannte. Umstrittener ist seine Einteilung der Gattung Mensch, die später eine der Grundlagen des „wissenschaftlichen Rassismus“ wurde und weitreichende Folgen für die Menschheit hatte, darunter die Entmenschlichung von Nichteuropäern und die Rechtfertigung von Eugenik und Genozid.

WISSENSCHAFTLICHE NAMEN:
Crataegus laevigata; C. monogyna

FAMILIE:
Rosaceae (Rosengewächse)

DEUTSCHE TRIVIALNAMEN:
C. laevigata: Zweigriffeliger Weißdorn, Zweikern-Weißdorn; *C. monogyna:* Eingriffeliger Weißdorn, Hagedorn

ENGLISCHE TRIVIALNAMEN:
C. laevigata und *C. monogyna*: bread-and-cheese, English hawthorn, hedge thorn, may thorn, may tree, whitethorn; *C. laevigata*: midland hawthorn, smooth hawthorn, woodland hawthorn; *C. monogyna*: common hawthorn, one-seed hawthorn, quickthorn

IRISCHE TRIVIALNAMEN:
sceach; sceach gheal; skeagh

FRANZÖSISCHER TRIVIALNAME:
aubépine

NATÜRLICHES VERBREITUNGSGEBIET:
C. laevigata: Europa; *C. monogyna*: Europa bis Kaukasus, N-Afrika bis Irak

HABITATE:
Heckensäume; Felder; offene Wälder

LEBENSFORM:
Strauch oder Baum

VERWENDUNGEN:
Hecke; Medizin; rituell / spirituell; Farbstoff; Holzarbeiten (z. B. Gehstöcke, Werkzeuggriffe, Drechselarbeiten und Furniere); Brennholz

---

WEISSDORN

Der Weißdorn (engl. *hawthorn*) ist eine heimische Pflanze Europas inklusive der Britischen Inseln, wo daraus schon seit der Eisenzeit zur Einhegung von Vieh die charakteristischen undurchdringlichen Hecken geformt werden, die zur Pflege regelmäßig beschnitten werden. *Hawthorn* markierte auch Grenzen und findet sich in angelsächsischen Grenzurkunden und alten englischen Ortsnamen, etwa Hackthorn in Lincolnshire und Hathern in Leicestershire. Mit den „Enclosure Acts" (1604–1914, eine Reihe von vom britischen Parlament verabschiedeten Gesetzen) wurde den Bauern mit Weißdornhecken von 320.000 km Länge der Zutritt zu offenen Feldern und „Ödflächen" (unproduktives Gemeinland) versperrt.

In Großbritannien wächst überwiegend der verbreitete Eingriffelige Weißdorn (*Crataegus monogyna*); das natürliche Vorkommen des Zweigriffeligen Weißdorns (*midland hawthorn, C. laevigata*) ist auf alte Wälder in Mittelengland begrenzt. Die beiden Arten kreuzen sich oft, und in städtischen Parks und Gärten werden gern Kultursorten angepflanzt. Aufgrund ihres ähnlichen Aussehens sind sie schwer auseinanderzuhalten, aber der Eingriffelige Weißdorn ist an den einzelnen Narben seiner Blüten und den einzelnen Samen seiner Früchte zu erkennen, während die Blüten des Zweigriffeligen Weißdorns je zwei Narben und die Früchte je zwei Samen haben. Auch sind die Blätter des Letzteren tiefer gelappt.

Weißdorn (*Crataegus monogyna*), aus: *Flora forestal española*, Bd. 2 (1890) von Máximo Laguna y Villanueva und Pedro de Ávila y Zumarán.

Wie der Name vermuten lässt, sind die Äste des Weißdorns mit Dornen besetzt; das dichte Laub bietet nistenden Vögeln Schutz. Die zarten weißen bis rosa Blüten haben fünf Kronblätter, die Apfelblüten ähneln, in flachen Büscheln wachsen und im Mai blühen. Ihr oft als „Aasgeruch" beschriebener schwerer Duft lockt Bestäuberinsekten an. Studien haben gezeigt, dass die Blüte Trimethylamin enthält, die beim Verfaulen von Leichen entstehende Verbindung, deren Geruch dem von Sperma ähneln soll. Früher meinte man, dass Weißdornblüten wie die „Große Londoner Pest" stinken, was vielleicht erklärt, warum man sie nicht ins Haus holen soll, weil sonst Unglück, Krankheit oder gar Tod droht. Eine andere These geht auf die Legende zurück, dass die Dornenkrone Christi aus Weißdorn gemacht war (daher der schlesische Name Christdorn).

Die kleinen, roten Früchte werden Mehlbeeren genannt und sind in den Herbst- und Wintermonaten für viele Vögel eine wichtige Nahrungsquelle. Obwohl nicht besonders süß oder schmackhaft, sind sie essbar und reich an Antioxidantien und lassen sich zu Konfitüren, Gelees und Obstwein verarbeiten. Essbar sind auch die Knospen, Blüten und jungen Blätter, und Kinder (so auch in den 1940ern meine Mutter) machten sich gern ein „Sandwich" aus den Blättern als „Brot" und den Beeren als „Käse".

In der Regel klein, sind Weißdorne schon bis zu 12 m hoch geworden mit Stammumfängen von über 2,5 m. Sie können Hunderte Jahre alt werden; eines der ältesten Exemplare in England, „Hethel Old Thorn" in Norfolk, soll aus dem 13. Jahrhundert stammen.

Um den Weißdorn, der verehrt wie auch gefürchtet wurde, ranken sich viele Sagen und Legenden. In Irland meinte man, einen alten Weißdorn zu zerstören bringe Unglück, man verlöre alles Geld und Vieh und Kinder müssten sterben. Dort galten einige Weißdorne als Hinweise auf Feenburgen oder Orte, wo Feen sich versammeln, um sich auf Kämpfe vorzubereiten. Noch heute gibt es *fairy trees* oder *fairy bushes* genannte Exemplare; 1999 geriet eines in die internationalen Schlagzeilen, als eine neue Straße in der Grafschaft Clare angeblich umgeleitet wurde, damit es nicht beschädigt wurde. Vielleicht handelt es sich bei diesen Vorstellungen um Überreste der Achtung, die altirische Völker heiligen Bäumen gegenüber empfanden. Im heutigen Irland sind Weißdorne die häufigsten Bäume.

Weißdornen, die in keltischen Regionen der Britischen Inseln an Quellen oder anderen heiligen Orten wie z. B. megalithischen Grabkammern stehen, wird oft spirituelle Bedeutung beigemessen. Manche werden noch heute mit bunten Stoffstreifen, Fetzen und Bändern oder auch religiösen Gegenständen wie Rosenkränzen, Medaillen und Kruzifixen geschmückt, wohl Votivgaben als Opfer oder Ausdruck von

Bitten und Gebeten. Früher sprach man heiligen Quellen und bei ihnen stehenden heiligen Bäumen (meist Weißdorne) heilende Kräfte zu. Es hieß, mit zunehmendem Zerfall der Stofffetzen nähmen Krankheit und Leid ab. Man nannte diese Bäume nach dem schottischen Wort für *cloth* (Tuch, Stoff) *clootie trees*.

Mit dem Weißdorn ist auch der auf das alte keltische Feuerfest Beltane zurückgehende Maitag verknüpft, mit dem in ganz Europa der Sommeranfang gefeiert wird. Zu den traditionellen Bräuchen gehörte es, dass die jungen Leute sich am Vorabend oder frühen Morgen in die Wälder aufmachten, um grüne Weißdornzweige zu holen und Maiblumengirlanden zu flechten, und um den Maibaum tanzten.
Diese Bräuche wurden seit der Zeit von Oliver Cromwells Republik von 1649 bis zur Wiedereinführung der Monarchie 1660 unterdrückt und im 19. Jahrhundert wiederbelebt. Im alten Griechenland machte man aus Weißdornholz Hochzeitsfackeln und aus den Blüten Brautkränze.

Interessanterweise wird die Pflanze aber nicht nur symbolisch mit Liebe assoziiert, sondern ist auch als Herzmittel bekannt. In der Kräutermedizin werden mit oral einzunehmenden Suden oder Tinkturen aus den Blüten, Blättern und Beeren Blutdruckprobleme sowie Ängste und Depressionen behandelt. Klinische Studien haben zudem ergeben, dass Weißdornextrakt den Muskeltonus und die Blutzufuhr zum Herzen befördert und Patienten mit chronischer Herzinsuffizienz als Begleitbehandlung spürbaren Nutzen bringen kann. Alte Kräuterbücher erwähnen die Verwendung von Weißdorn beim Herausziehen von Splittern und Dornen sowie die Behandlung von Gicht und Schlafstörungen. Und in der Ethnoveterinärmedizin wurde damit Durchfall bei Ochsen behandelt.

Weißdorn hat aber noch weitere nützliche Eigenschaften: Die Blätter wurden zu einer dunkelblauen Stofffarbe verarbeitet, und mit der Asche der verbrannten Zweige bleichte man Baumwolle. Das harte, feinporige Holz eignet sich gut für Werkzeuggriffe, wurde zu Radzähnen und Zähnen von Mühlrädern verarbeitet und gibt auch gutes Brennholz ab.

Neben seiner soziokulturellen und medizinischen Bedeutung ist der Weißdorn auch ökologisch wichtig, nämlich für 300 Insektenarten, darunter Schmetterlinge und Nachtfalter, sowie für kleine Säugetiere und Zugvögel.

Clootie-Weißdorn an der Sancreed Holy Well in Cornwall (2019).

ENGLANDS BERÜHMTER „GLASTONBURY HOLY THORN“

Einer Legende zufolge brachte Josef von Arimathäa, ein wohlhabender Jünger Jesu, der sich nach der Kreuzigung um dessen Grab kümmerte, im Jahr 63 den Heiligen Gral nach England. Als er zum Wearyall Hill nahe dem Glastonbury Tor (in Somerset in Südwestengland) kam und dort seinen Stab in die Erde stieß, trieb dieser aus und wuchs zu einem „Heiligen Dornbaum“ heran, der jedes Jahr an Weihnachten blühte. Aus Ablegern des ursprünglichen Baums gewonnene Nachkommen erhielt man um Glastonbury herum am Leben und verbreitete sie in der weiteren Umgebung. Der ursprüngliche Baum wurde im Englischen Bürgerkrieg (1642–1651) zerstört, ein 2012 auf dem Wearyall Hill gepflanzter Abkömmling absichtlich verwüstet und 2019 vom Landbesitzer entfernt. Zu den noch existierenden Nachkommen des *holy thorn* gehört ein Exemplar auf dem Friedhof der Pfarrkirche St. John the Baptist in Glastonbury, das zweimal jährlich blüht, an Weihnachten und im Mai. Jedes Jahr an Weihnachten wird ein blühender Zweig des Baums an den britischen König geschickt.

WISSENSCHAFTLICHER NAME:
Hypericum perforatum

FAMILIE:
Hypericaceae (Johanniskrautgewächse)

DEUTSCHE TRIVIALNAMEN:
Echtes Johanniskraut; Echt-Johanniskraut; Gewöhnliches Johanniskraut; Durchlöchertes Johanniskraut; Tüpfel-Johanniskraut; Tüpfel-Hartheu; Herrgottsblut

ENGLISCHE TRIVIALNAMEN:
chase-devil; common St. John's wort; devil's scourge; fairy herb; Klamath weed; perforate St. John's wort; rosin-rose

IRISCHE TRIVIALNAMEN:
luibh Eoin Bhaiste; lus Choluim Chille; beathnua; lus na Maighdine Muire; eala bhuidhe

FRANZÖSISCHE TRIVIALNAMEN:
millepertuis; millepertuis perforé

SPANISCHE TRIVIALNAMEN:
herb amarilla; hierba de san juan; hipérico; hypericón

NATÜRLICHES VERBREITUNGSGEBIET:
Makaronesien; Europa bis China; NW-Afrika, SW-Sudan

HABITATE:
offene Wälder; Wiesen; Straßenränder; Brachen

LEBENSFORM:
Staude

VERWENDUNGEN:
Medizin; Getränk; Farbstoff; spirituell

JOHANNISKRAUT

Der Gattungsname *Hypericum* (Johanniskraut) leitet sich vom griechischen Wort *hyper-ikon* oder *hyper-eikon* („über Bild") ab, und manche interpretieren ihn so, dass man das Kraut einst zur Abwehr böser Kräfte über Ikonen oder Schreinen aufhängte. Früher glaubte man, es schütze Häuser vor Blitzeinschlägen und vertreibe Hexen, Geister und Dämonen. So nannten mittelalterliche Kräuterkundler es *fuga daemonum* („Teufelsflucht"). Pflücken sollte man es am besten am 23. Juni, dem Vortag von St. Johannis, vor Sonnenaufgang, und am Abend wurden zu Ehren Johannes' des Täufers Festfeuer angezündet, mit deren Rauch man das Kraut selbst sowie Vieh und Menschen reinigte. Büschel des Krauts hängte man über Eingangstüren und Ställe, um Hexen und böse Geister abzuwehren.

Der alte englische Name *fairy herb* zeugt von einem Volksglauben auf der Isle of Man, demzufolge das Kleine Volk (Feen) den verschleppt, der auf Johanniskraut tritt. Dass man das besser vermeidet, bestätigt eine Legende von der Isle of Wight; sie erzählt von einem Geisterpferd, das den Wurzeln entsteigt und mit demjenigen in die Nacht hinausgaloppiert, der versehentlich fern von zu Hause im Dunkeln auf die Pflanze getreten ist. Und eine Geschichte aus dem schottischen Hochland erzählt, die hl. Columba (521–597) habe einen jungen Hirten, der in den Bergen zu viel allein gewesen war, mit Johanniskraut vom Wahnsinn geheilt.

Johanniskraut (*Hypericum perforatum*). Illustration, aus: *Hortus Romanus juxta systema Tournefortianum*, Bd. 4 (1772–1793), von Giorgio Bonelli.

H. perforatum kann bis zu 1 m hoch werden; sein rötlicher Stängel verzweigt sich nahe der Spitze und trägt Büschel hellgelber, sternförmiger Blüten. Diese haben fünf (seltener vier) Kronblätter und Kelchblätter mit vielen an der Basis verbundenen Staubblättern. An den Rändern der gelben Kronblätter sitzen auffällige schwarze Punkte. Die länglichen Blätter sind 1–2 cm lang, gegenständig und mit kleinen, durchsichtigen Öldrüsen besetzt, den charakteristischen „Löchern", die gegen das Licht gehalten sichtbar werden. Die Pflanze hat ausgedehnte kriechende Rhizome, die über die ganze Länge Wurzeln und Triebe bilden. Sie ist selbstbefruchtend und breitet sich rasch aus, weil sie sich sowohl vegetativ als auch geschlechtlich vermehrt. Nach der Bestäubung durch Bienen und andere Insekten produziert eine einzige Pflanze pro Jahr u. U. 100.000 Samen, die im Boden jahrzehntelang entwicklungsfähig bleiben. In mehreren Ländern außerhalb ihres natürlichen Verbreitungsgebiets gilt sie als übles Unkraut; sie kann Vieh vergiften.

Je nach Extraktionsmethode ergibt *H. perforatum* rote, gelbe oder braune Farbstoffe. Für die rote Farbe ist das in Johanniskraut reichlich enthaltene Pigment Hypericin verantwortlich, von dem es heißt, es ähnele Blut. Im Mittelalter breitete sich der Glaube an die Signaturenlehre aus, derzufolge Pflanzen, die Körperpartien oder Krankheitssymptomen ähneln, Zeichen Gottes sind, die auf ihre jeweilige Verwendung hinweisen. Der rote Saft von *H. perforatum* und seine durchlöcherten Blätter symbolisierten Blut und heilige Wunden des Märtyrers Johannes des Täufers, und das Kreuz, das die Blätter bei Draufsicht bilden, verstärkte die mit der Pflanze verknüpfte Symbolik.

So überrascht es vielleicht nicht, dass zu den traditionellen Verwendungen des Johanniskrauts die Behandlung von Wunden gehört hat. Es wurde als adstringierendes Mittel zwecks Blutstillung auf Schrammen und Wunden gelegt. John Parkinson (1567–1650), Apotheker Jakobs I., hielt es für „ein einzigartiges Wundkraut wie kein anderes", das man in Wein gekocht oder äußerlich als Öl oder Salbe nehmen könne. Er und auch der Kräuterarzt Nicholas Culpeper (1616–1654) schlugen vor, mit Johanniskraut Tumore und Geschwülste „aufzulösen". Culpeper empfahl bei inneren Blutungen infolge einer geplatzten Ader, eines Blutergusses oder eines Sturzes einen Sud aus Wein und dem Kraut samt Blüten oder ein Pulver aus seinen Samen. Zu den weiteren bei ihm aufgeführten Verwendungen gehören die Behandlung von Bissen und Stichen, ein Samensud gegen Ischias, Epilepsie und Lähmung sowie ein Sud aus den Blättern und Samen, zu trinken bei Schüttelfrost, einem typischen Malariasymptom.

Im ländlichen England ließ man einst kindliche und alte Bettnässer Aufgüsse aus *Hypericum* trinken und verabreichte sie bei Husten und Katarrhen. Auch den Haarwuchs sollte es befördern. Äußerlich behandelte man damit Verbrennungen, Liegegeschwüre sowie Brüche und Verstauchungen.

Früher hieß es, eine Tinktur aus Johanniskrautblüten in Weingeist vertreibe Melancholie, und heute kennt man es vor allem als Mittel gegen Niedergeschlagenheit und milde Depressionen. Der Einsatz von *Hypericum* bei leichten Depressionen und nervösen Zuständen war in Irland üblich, wo man damit auch Wundbrand, Entzündungen, Durchfall, Ruhr und Darmwürmer behandelte.

Außer für medizinische Verwendungen eignen sich die Blüten des Johanniskrauts auch für die Herstellung von Met, und mit heißem Wasser übergossen ergibt das Kraut einen beruhigenden Tee.

WISSENSCHAFTLICHE STUDIEN

H.-perforatum-Extrakte enthalten mehrere bioaktive Verbindungen, darunter Hypericin, Hyperforin und Flavonoide. Wissenschaftliche Studien haben ihre antioxidativen, antiviralen, entzündungshemmenden und antidepressiven Wirkungen gezeigt. Klinische Befunde legen nahe, dass Johanniskraut bei leichten bis mittelgradigen Depressionen genauso effizient ist wie verschreibungspflichtige Antidepressiva. Es kann allerdings in Wechselwirkung mit anderen Medikamenten, wie z. B. Antibabypillen und Blutverdünnern, treten und bei manchen hellhäutigen Menschen Lichtempfindlichkeit hervorrufen.

Johanniskraut (*Hypericum perforatum*). Illustration, aus:
Deutschlands Flora, Bd. 5 (1804), von Jacob Sturm.

WISSENSCHAFTLICHE NAMEN:
Mandragora officinarum; M. autumnalis

FAMILIE:
Solanaceae (Nachtschattengewächse)

DEUTSCHE TRIVIALNAMEN:
Mandragora officinarum: Gemeine Alraune; *Mandragora autumnalis*: Herbst-Alraune

ENGLISCHE TRIVIALNAMEN:
common mandrake; devil's apple

FRANZÖSISCHER TRIVIALNAME:
mandragore

SCHWEDISCHER TRIVIALNAME:
alruna

SPANISCHER TRIVIALNAME:
mandrágora

NATÜRLICHES VERBREITUNGSGEBIET:
M. officinarum: N-Italien bis NW-Balkanhalbinsel; *M. autumnalis*: Mittelmeerraum bis W-Iran

HABITATE:
Brachen; steinbedeckte Zonen (im Inland und an Küsten)

LEBENSFORM:
Staude

VERWENDUNGEN:
Medizin; rituell / Magie

ALRAUNE

Die Alraune ist eine der namhaftesten Heilpflanzen des Mittelmeerraums und Europas, die durch die Populärkultur und ihre Verbindung mit Magie und Zauberei noch bekannter geworden ist. Sie kommt in Shakespeares *Romeo und Julia*, Machiavellis *Die Mandragora* und in jüngerer Vergangenheit in J. K. Rowlings *Harry-Potter*-Büchern und -Filmen vor. Vor Jahrtausenden wurde sie als Aphrodisiakum und fruchtbarkeitssteigerndes Mittel verwendet, denn man hielt ihre Früchte für die im Alten Testament erwähnten „Liebesäpfel".

Die Systematik von *Mandragora* ist umstritten. Manche Quellen, so *Flora Europaea* und *Plants of the World Online* (Kew), unterscheiden zwei europäische Arten: die auf Norditalien und das frühere Jugoslawien beschränkte *M. officinarum* und die im Mittelmeerraum vorkommende *M. autumnalis*. Andere Systematiker betrachten *M. autumnalis* als dieselbe Art wie *M. officinarum*.

Die Alraune ist eine ausdauernde krautige Pflanze mit in einer grundständigen Blattrosette zusammenstehenden, eiförmigen Blättern, praktisch keinem Stängel und einer dicken, geraden, braunen, pastinakenähnlichen Wurzel, die oft in zwei oder drei Teile gespalten ist. Die stinkenden Blätter bilden sich am Wurzelhals, stehen anfangs aufrecht und liegen später flach auf der Erde. Die glockenförmigen Blüten variieren farblich zwischen grünlich weiß und violett und sitzen in Büscheln in der Mitte der Blattrosette. Die fleischigen Beeren, die auf die Blüten folgen, sind glatt und rund, so groß wie kleine Äpfel, färben sich beim Reifen von Grün zu dunklem Gelborange und riechen stark nach Apfel.

In angelsächsischen Herbarien taucht die Alraune als Mittel gegen Teufelsbesessenheit auf. Man fand, dass die sich gabelnden Wurzeln Menschen mit Armen und Beinen ähneln. In den alten Kräuterbüchern tauchen sie oft als männlich (lange Bärte) bzw. weiblich (buschiges Haar) auf. Dem Glaubenssatz der mittelalterlichen Signaturenlehre „Gleiches heilt Gleiches" entsprechend wurde mit einer bestimmten Pflanze der Körperteil behandelt, dem sie gleicht. Die Ähnlichkeit der Alraune mit der menschlichen Gestalt bekräftigte die Vorstellung, dass sich mit deren Wurzel Kontrolle über den Körper ausüben lasse.

Um die Alraunenwurzeln, die in Amulettform vor Unglück schützen sollten, rankt sich einiger Volks- und Aberglaube. Auf den Kaminsims gelegt, sollten sie dem Haus Wohlstand einbringen. Im mittelalterlichen Deutschland wurden Alraunenamulette von Generation zu Generation weitergegeben. Man verwahrte sie in Seide gewickelt in einem Kästchen, nahm sie ein paarmal im Jahr heraus und badete sie in Branntwein oder Wein, um die Flüssigkeit dann schutzbringend im Haus zu versprengen. Auf den Britischen Inseln, wo die Echte Alraune selten war, gab man oft Wurzeln der Weißen Zaunrübe (*Bryonia alba*) als Alraunenwurzeln aus. Die falschen Alraunenwurzeln höhlte man teilweise aus, säte Grassamen hinein, sodass „Haare" sprossen, und setzte ihnen Hirsekörner als Augen ins „Gesicht". Diesen Wurzelfiguren wurden magische Kräfte zugeschrieben.

Die medizinischen Eigenschaften der Alraune waren schon im alten Griechenland und Rom bekannt; ihre Verwendungen wurden im *Corpus Hippocraticum* (5. Jahrhundert v. Chr.–2. Jahrhundert n. Chr.) und anderen antiken Texten festgehalten, etwa denen von Aristoteles (384–22 v. Chr.), Theophrast (371–287 v. Chr.), Plinius d. Ä. (23–79), Dioskurides (40–90) oder Galen (129–216). Dazu zählten die äußerliche Anwendung der Blätter in Salben oder Umschlägen gegen Hautkrankheiten wie auch die innerliche Anwendung zur Behandlung von Magen-Darm-Störungen und Atemwegserkrankungen wie Husten oder Asthma. Die Wurzel nahm man als Gegengift bei Schlangenbissen, als Aphrodisiakum, Schmerz-, Narkose- oder Schlafmittel ein. Es hieß, große Dosen riefen Wahnsinn oder Delirium hervor und könnten zu Koma oder Tod führen.

Alraune (*Mandragora officinarum*), aus: *Herbier général de l'amateur*, Bd. 8 (1827), von Jean-Louis-Auguste Loiseleur-Deslongchamps und Jean-Claude-Michel Mordant de Launay.

Alraune (*Mandragora officinarum*), aus: *Recueil des plantes gravées par ordre du roi Louis XIV*, Bd. 2 (1788), von Denis Dodart.

Die *Picatrix*, ein arabisches Zauberbuch, das im 13. Jahrhundert erst ins Spanische und dann ins Lateinische übersetzt wurde, warnt vor den Gefahren der Alraune. Sie kommt darin als Bestandteil einschläfernder Tränke vor, als Pflanze, die bei Inhalation des Rauchs den Sexualtrieb steigert, und als Kraut, das Menschen taub oder stumm macht. Viele der ihr zugeschriebenen Eigenschaften rühren von ihren pflanzlichen Bestandteilen her, insbesondere der hohen Konzentration von Tropanalkaloiden, darunter Scopolamin und Atropin, die für ihre psychotrope und beruhigende Wirkung bekannt sind. Diese Alkaloide erklären auch, warum Alraunenwurzel angeblich ein wichtiger Bestandteil der Hexen- oder Flugsalbe war: Rieb sich die Hexe damit ein, meinte sie zu fliegen.

MAKABRE LEGENDEN

Man glaubte, die Alraune wachse unter den Galgen, an denen Mörder gehängt worden waren, und keime aus deren Sperma. Einer anderen finsteren Legende zufolge schreien und stöhnen die Wurzeln, wenn sie ausgegraben werden, derart markerschütternd, dass jeder, der sie hört, stirbt. Um nicht den eigenen Tod zu riskieren, solle man einen Hund an die Wurzeln binden und sie von ihm herausziehen lassen. Der Botaniker John Gerard (1545–1612) widerlegte diese Legende, indem er berichtete, viele Alraunen problemlos gepflanzt und umgesetzt zu haben.

In der Antike vollzog man vor dem Herausziehen von Alraunenwurzeln bestimmte Rituale. Theophrast berichtet von Leuten, die die unbedeckten Teile ihres Körpers salbten, mit einem Schwert dreimal einen Kreis um die Pflanze zogen und diese mit Blick nach Westen ausgruben, während ein anderer um den Kreis herumtanzte und dabei Liebeszauberformeln rezitierte. Derlei seltsame Geschichten über Zeremonien oder die Gefahren, die die Beschaffung von Alraune barg, trugen das Ihre zu deren mystischer Aura bei, beförderten den Glauben an ihre übernatürlichen Kräfte – und erhöhten zweifellos auch ihren kommerziellen Wert.

WISSENSCHAFTLICHER NAME:
Sambucus nigra

FAMILIE:
Viburnaceae (Moschuskrautgewächse)

DEUTSCHE TRIVIALNAMEN:
Schwarzer Holunder; Holder/Holler; Holderbusch; Schwarzer Flieder; Flieder

ENGLISCHE TRIVIALNAMEN:
black elder; boor (auch bour oder bore) tree; common elder; elderberry; elderflower

IRISCHE TRIVIALNAMEN:
a bualtraidh; ceireachán; crann truim; craobh tromáin; druman; ruis; trom runa

ANDERE TRIVIALNAMEN:
fleurs de sureau (französisch); fiore de sambuco (italienisch); flor de saúco (spanisch)

NATÜRLICHES VERBREITUNGSGEBIET:
Azoren; Europa bis W-Iran

HABITATE:
offene Wälder; Heckensäume; Felder; Straßenränder; Brachen

LEBENSFORM:
laubabwerfender Strauch oder kleiner Baum

VERWENDUNGEN:
Medizin; Nahrung und Getränk; Insektenmittel; Kosmetik; Farbstoff; Wäscheklammern; Musikinstrumente; spirituell

---

HOLUNDER

Der Name Holunder geht auf das indogermanische Wort für „dunkel" zurück. Der Pflanze wurden magisch-religiöse Kräfte zugeschrieben, die auf vorchristliche, heidnische Vorstellungen zurückgehen: Sie wurde mit Feen und Hexen verknüpft, und es hieß, sie beherberge eine Baumnymphe, die die Häuser der Menschen vor Blitzen und das Vieh vor Unheil bewahrte. Wer einen Holunderbusch fällte oder abbrannte, ohne sie um Erlaubnis zu bitten, musste mit Unglück rechnen. Beim Sammeln von Holunderholz zum Schnitzen oder für eine andere Verwendung sprach man einen Zauberspruch.

Eine Wiege aus Holunderholz und blühender Holunder im Haus sollten Unglück bringen; andererseits sollten über Türen und Fenstern aufgehängte Holunderzweige die Bewohner des Hauses beschützen und böse Geister vertreiben. Wer sich am Mittsommerabend unter einen Holunderstrauch stellte, würde den Feenkönig und sein Gefolge vorbeireiten sehen, hieß es.

Zweifellos mit der Absicht, einige dieser heidnischen Vorstellungen auszumerzen, veränderte die Kirche das Narrativ: Der einst verehrte Baum wurde mit demjenigen verknüpft, aus dem das Kreuz bestand, an dem Jesus gekreuzigt wurde, und demjenigen, an dem Judas Iskariot sich erhängte. In Gerichtsakten zu polnischen Hexenprozessen des 17. Jahrhunderts kommt Holunder als mutmaßlicher Bestandteil einer Hexensalbe vor (halluzinogene Pflanzen enthaltenden Balsam, den Hexen sich angeblich auf die Haut rieben, um Visionen heraufzubeschwören, u. a. das Gefühl, zu fliegen). Der Hexerei Angeklagte wurden beschuldigt, Geld- und Getreideopfer unter Holunderbüsche zu legen, womit sie sich angeblich die Hilfe des darin lebenden Teufels oder Inkubus erbaten.

Holunder wurde auf unterschiedliche Weise genutzt, so auch sehr lange in der Volksheilkunde. Seine Beeren sind bis heute eine beliebte Kräuterarznei, insbesondere gegen Erkältung und Grippe, und aus den Blüten wird ein süßes Sommergetränk gemacht. Die Blüten zeigen den Beginn des Sommers und die Beeren sein Ende an.

Der Holunder hat in der Regel mehrere, an der Basis ansetzende Stämme, die bis zu 4–6 m (ausgewachsene Exemplare bis zu 15 m) hoch und 3–4 m breit werden. Die gräulich braune Rinde bekommt mit dem Alter Längsfurchen. Die Blätter sind 10–30 cm lang, gefiedert und in gegenständigen Paaren à 5–7 leicht gesägten Blättchen beidseits des Blattstiels angeordnet. Die süß duftenden, cremeweißen Blüten sitzen in großen, flachen Dolden (Durchmesser: 10–30 cm), haben fünf Kronblätter und einen Durchmesser von 5–6 mm. Nach der Bestäubung durch Fliegen entwickeln sie sich zwischen Spätsommer und Herbst zu kleinen, glänzend violettschwarzen Beeren an hängenden Fruchtständen.

Aus Holunderästen, die sich wegen ihres weichen Marks leicht aushöhlen lassen, wurden Holzblasinstrumente, wie z. B. Blockflöten, Pfeifen und Querflöten, gefertigt. Jungen machten aus den ausgehöhlten Ästen Pusterohre. Das blasse, harte Holz ausgewachsener Holunderbäume eignet sich gut fürs Schnitzen. In Schottland zapfte man im Frühling Birken mittels traditioneller Hähne oder Tüllen (*bour*) aus Holunderzweigen Saft ab, um daraus Wein zu machen.

Im Botanikunterricht legte man bei anatomischen Untersuchungen mit dem Mikroskop dünne Pflanzenmaterialschnitte auf Holundermark.

In der irischen Grafschaft Donegal machte man unter Blähungen leidendem Vieh mithilfe ausgehöhlter Holunderäste Einläufe. In der Grafschaft Kerry (und vermutlich auch anderswo) wurden oft mit zweijährigen, biegsamen Holunderzweigen Lämmer kastriert, indem man sie ihnen um die Hoden wand, um die Blutzufuhr zu stoppen. Zehn Tage später ließen sie sich dann leicht entfernen.

Die widerlich stinkenden Blätter wurden früher als Fliegenmittel genutzt. Insektentötende Eigenschaften sollen auch die Wurzeln haben; man hat Dachse dabei beobachtet, wie sie sich daran schubberten, um Läusen in ihrem Fell den Garaus zu machen.

Im alten Rom gaben Holunderbeeren ein Haarfärbemittel ab; sie sollen dunklem Haar satten Glanz verleihen. Holunder kann auch zu diversen Textilfarben verarbeitet werden; die Muster der Harris-Tweed-Stoffe entstanden früher mit Holunderfarbstoff. Aus der Rinde lassen sich schwarzer und grauer, aus den Blättern gelber und grüner und aus den Beeren unter Zusatz von Salz blauer und violetter Farbstoff herstellen. Aus den Samen wurde angeblich Tinte gemacht.

Mit destilliertem Holunderblütenwasser bleichte man im 18. Jahrhundert die Haut und brachte Sommersprossen zum Verschwinden. Heute sind die Blüten eine Zutat in Kosmetika und Hautpflegeprodukten sowie in Parfümen und Duftkerzen.

Mit verschiedenen Teilen der Pflanze wurden auch zahlreiche Krankheiten behandelt. Bei Hämorrhoiden wurde eine Salbe aus den Blättern, bei Hautgeschwüren ein Umschlag aus der Rinde oder den Blättern angewendet. Gegen Borkenflechte griff man zu einem Umschlag aus Sahne und dem weichen Mark im Innern der Äste. Rheumatismus, Furunkel und Warzen behandelte man äußerlich mit Holunderextrakten. Alten gab man bei Gelbsucht den Saft gekochter Holunderbeeren, die auch gegen Verstopfung helfen sollten. Im Mittelalter inhalierte man bei Eingeweidebrüchen den Rauch von brennendem Holunder. Belegt ist seine medizinische Verwendung auch bei Verbrennungen und Verbrühungen, Geschwülsten und Entzündungen. Epileptikern band man eine Schnur mit neun Abschnitten eines Holunderasts als „Perlen" um den Hals. Die Blüten wurden in der Volksheilkunde bei Diabetes und in Wein als „Allheilmittel" verabreicht. Sie sind ein traditionelles Mittel gegen Heuschnupfen, und ein destilliertes Holunderblütenwasser sollte als Augenbad Reizungen lindern und Sonnenbrand kühlen.

Mit den Beeren und den Blüten dämmte man die Symptome von Erkältungen und Grippe ein, u. a. Frösteln und Halsweh. Das Dorf Myddfai in Carmarthenshire (Südwales) ist für seine mittelalterlichen Ärzte berühmt, deren Pflanzenmedizinwissen von Generation zu Generation weitergegeben wurde. Seit Menschengedenken machte dort jeder Holunderwein gegen Husten und Erkältungen, und es hieß: „Jedermann, der an einem Holunder vorbeigeht, soll seine Kappe lüpfen, um ihm seinen Respekt zu erweisen."

Es gibt (begrenzte) klinische Hinweise darauf, dass Holunderbeerenextrakte Erkältungs- und Grippesymptome lindern und ihre Dauer verkürzen; die durch Kochen der Blüten gewonnene Flüssigkeit befördert das Schwitzen und trägt zur

Fiebersenkung bei. Zu den aktiven Bestandteilen der Beeren zählen: Anthocyane, die zu einer größeren Kategorie von Pflanzeninhaltsstoffen namens Flavonoide gehören und für die charakteristische blauschwarze Farbe der Beeren und aufgrund ihrer immunstimulierenden, antimikrobiellen und antiviralen Eigenschaften für den breiten gesundheitlichen Nutzen verantwortlich sind; toxische cyanogene Glykoside, z. B. Sambunigrin (die sich bei Trocknung und Erwärmung abbauen), sowie Vitamin A und C. Zu den aktiven Bestandteilen in den Blüten zählen andere Flavonoide wie Rutin und Quercetin, die antioxidativ und entzündungshemmend sind und vielleicht zur Vorbeugung von Herzkrankheiten beitragen können; Triterpene, die das Krebszellenwachstum hemmen, sowie Linolen- und Linolsäuren (für die Ernährung wichtige Omegafettsäuren). Holunderblütenextrakte zeigen zudem antidiabetische Wirkungen; wie sich herausgestellt hat, fördern sie die insulinabhängige Glukoseaufnahme.

In der Küche lassen sich Holunderblüten zu Sirup, „Sekt“ und Sauerkonserven verarbeiten oder in Teig ausbacken. Man kann auch Quittenbrot u. Ä. damit aromatisieren. Ein Blütenaufguss mit abgekochtem Wasser ergibt ein erfrischendes Getränk. Die Beeren können zu Sirup und Konfitüre verarbeitet werden und Chutneys und Essigen Würze verleihen. Roh wirken sie stark abführend und rufen u. U. Magen-Darm-Störungen hervor; man sollte sie nur nach Erhitzen konsumieren, das die giftigen Bestandteile zerstört.

HOLUNDER BEI DEN ROMA

In Großbritannien fertigten die Roma aus Holunderholz traditionell Holzblumen und Wäscheklammern, die sie im Winter, wenn in der Landwirtschaft schwer Arbeit zu bekommen war, im Haus-zu-Haus-Verkauf anboten. Das Verbrennen von Holunder war in ihrer Kultur tabu, weil sein Holz einen beißenden Rauch erzeugt, der Augen- und Atemwegsreizungen hervorrufen kann. Es enthält cyanogene Glykoside, die bei Verfeuerung giftige Blausäure freisetzen können. Brennendes Holunderholz sprüht auch reichlich Funken, die entzündliche Materialien in seiner Umgebung in Brand setzen können.

Holunder (*Sambucus nigra*), aus: *Plantae medicinales* (1828) von Wagner.

WISSENSCHAFTLICHER NAME:
Verbascum thapsus

FAMILIE:
Scrophulariaceae (Braunwurzgewächse)

DEUTSCHE TRIVIALNAMEN:
Kleinblütige Königskerze; Kleinblüten-Königskerze; Echte Königskerze; Marienkerze; Frauenkerze; Wollblume; Kleinblütiges Wollkraut; Himmelsbrand; Fackelkraut; Wetterkerze; Feldkerze; Brennkraut

ENGLISCHE TRIVIALNAMEN:
Aaron's rod; Adam's flannel; beggar's blanket; big taper; candlewick plant; common mullein; flannel plant; golden rod; great mullein; hag's taper; Jacob's staff; Jupiter's staff; Lady's candle; Our Lady's taper; torches; velvet dock; witches' candle; woolly mullein; Mary's candle (Irland)

SPANISCHE TRIVIALNAMEN:
gordolobo; gordolob comú

NATÜRLICHES VERBREITUNGSGEBIET:
Azoren; Europa bis Sibirien und Himalaya (eingebürgert auch anderswo, u. a. in Nordamerika und Australasien)

HABITATE:
Feldränder; Heckensäume; Straßenränder; Störungszonen; Waldränder; Waldauflichtungen

LEBENSFORM:
zweijährige krautige Pflanze

VERWENDUNGEN:
Medizin; Zierpflanze; Farbstoff; Fischgift; Fackel; Getränk; spirituell

KÖNIGSKERZE

Die Königskerze wird seit der Antike ihrer angeblich magischen Kräfte und ihrer medizinischen Eigenschaften wegen geschätzt. In Homers *Odyssee* ist es vielleicht eine Königskerze (die Pflanze „Moly"), die die Götter entwurzeln, damit sie Odysseus gegen Zauberformeln feit und so vor Kirkes Hexenkünsten schützt. Ob es sich dabei um *Verbascum thapsus* oder eine andere Pflanze gehandelt hat, ist umstritten; auf jeden Fall wurden die erwähnten Abwehreigenschaften später *V. thapsus* zugesprochen. Dass sie Dämonen zähmen könne, glaubte man im Mittelalter, vertrieb mit Königskerzenfackeln Hexen und wehrte Böses ab. Manche volkstümlichen Namen der Pflanze spiegeln diese mittelalterlichen Vorstellungen von Hexen wie auch ihre Verknüpfung mit dem christlichen Glauben wider.

Die zweijährige Pflanze bildet im ersten Jahr von ihrer Pfahlwurzel her eine große, grundständige Rosette weicher, flaumiger Blätter aus; im zweiten Sommer entwickelt sich eine lange Ähre mit gelben Blüten. Da sie monokarpisch ist, d. h. nach der Blüte eingeht, lebt sie nur ausnahmsweise ein drittes (vegetatives) Jahr lang. Die silbrig grünen Rosettenblätter werden bis zu 40 cm lang und über 12 cm breit, sind

Königskerze (*Verbascum thapsus*), aus:
American Medicinal Plants, Bd. 2 (1892), von Charles Frederick Millspaugh.

am Ansatz am breitesten und werden zur Spitze hin schmaler und leicht zugespitzt. Die sich aus der Mitte der Rosette entwickelnde, einzelne Blütenähre ist 30–200 cm lang und mit feinen Haaren besetzt. Die an ihr sitzenden Blätter sind wechselständig, kleiner als die Rosettenblätter und erleichtern den Ablauf des Regenwassers am Stängel hinab bis zu den Wurzeln.

Am oberen Teil des Blütenstängels sitzen dicht an dicht gelbe Blüten (Durchmesser ca. 2 cm) mit je fünf Kronblättern und fünf Staubblättern mit orangefarbener Spitze. Offen sind jeweils nur wenige Blüten, die von kurz- und langrüsseligen Bienen kreuzbestäubt werden können. Ist eine Kreuzbestäubung ausgeblieben, kann sich *V. thapsus*, wenn die Blüten sich abends schließen, auch selbst bestäuben.

Eine einzelne Pflanze kann 100.000–175.000 Samen hervorbringen, die in der Erde lange entwicklungsfähig bleiben. Es wurden schon Samen aus rund 700 Jahre alten Bodenproben zur Keimung gebracht. Außerhalb seines natürlichen Verbreitungsgebiets ist *V. thapsus* zum invasiven Unkraut geworden, das mit seinem üppigen Wachstum die Artenvielfalt der heimischen Pflanzenwelt bedroht.

Die medizinischen Verwendungen der Königskerze wurden schon vor fast 2.000 Jahren vom „Vater der Drogenkunde" Pedanios Dioskurides (um 40–90) in seiner Schrift *De materia medica* beschrieben. Später notierte die Benediktineräbtissin, Universalgelehrte und Mystikerin Hildegard von Bingen (1098–1179) in ihrem ersten Buch *Physica* die Verwendung von Königskerzenblättern samt Wein und Fenchel bei Heiserkeit. Der Kräuterarzt Nicholas Culpeper (1616–1654) berichtet von zahlreichen medizinischen Verwendungen der Königskerze, etwa des destillierten Blütenwassers bei Gicht und eines Safts aus Blättern und Blüten oder eines Pulvers aus den getrockneten Wurzeln zur Entfernung erhabener Warzen. Pulverisierte getrocknete Blüten wurden zur Behandlung von Koliken und Bauchschmerzen empfohlen.

In Irland war das Kraut eine beliebte Arznei gegen Lungentuberkulose, seit es schriftliche Quellen gab (und vermutlich schon davor). Man kochte die wolligen Blätter in Milch zu einer dicken, schleimigen Flüssigkeit, die man vor dem Trinken abseihte, wieder erwärmte und mit Honig süßte. Sorgfältiges Abseihen ist wichtig, weil die Härchen auf den Blättern Reizungen auslösen können. Die Königskerze wurde oft in Cottagegärten als hochgeschätztes Mittel gegen Husten, Erkältungen, Katarrhe, Bronchitis und Asthma gezogen. Aus den Blättern machte man auch Umschläge, mit denen Hautgeschwüre, Tumore und Hämorrhoiden behandelt wurden, sowie Asthmazigaretten (medizinische Zigaretten, die bestimmte Kräuter enthielten und die man zur Linderung von Asthma auf Lunge rauchte). Ein Umschlag aus den Samen und Blättern sollte die Entfernung von Splittern erleichtern. Einen Sud aus den Wurzeln nahm man bei Zahnschmerzen und zur Abschwächung von Krämpfen und Zuckungen, die in Olivenöl getränkten Blüten (die eine hohe keimtötende Aktivität aufweisen) als Tropfen gegen Ohrenschmerzen. Zu den eingekochten Blüten griff man in Kontinentaleuropa bei Borkenflechte.

Der Kräuterarzt John Parkinson (1567–1650), Apotheker König Jakobs I. von England, erwähnt, dass die Landbevölkerung mit Königskerzenbrühe erkältetes Vieh behandelte und Königskerzenumschläge auf Pferdehufe legte, die beim Beschlagen verletzt worden waren.

V. thapsus enthält diverse bioaktive chemische Bestandteile, darunter Glykoside, Flavonoide, Saponine und Terpenoide. Zu den pharmakologischen Aktivitäten von Extrakten der Pflanze gehören antioxidative, wundheilende, antimikrobielle, antivirale, Antikrebs- and antihyperlipidämische. Eine Rattenstudie zeigte, dass der Blätterextrakt von *V. thapsus* eine stärker beruhigende und angstlösende Wirkung hat als Diazepam.

Königskerzenasche soll zu Seife verarbeitet grauem Haar seine ursprüngliche Farbe zurückgeben. Der Extrakt der Pflanze erzeugt bei Zusatz von Säure einen grünen und bei Zusatz von Laugensalz einen braunen Farbstoff. Kocht man die getrockneten Blätter in Wasser, entsteht ein würziger, leicht bitterer Tee. Aus den frischen oder getrockneten Blüten lässt sich ein Aufguss bereiten. Damit die Füße warm blieben, fütterte man mit den Blättern auch Schuhe.

ANTIKE VERWENDUNGEN

Römische Legionäre tauchten die Blütenähren der Königskerze in Talg und benutzten sie bei Begräbnisprozessionen als Fackeln. Wie Aristoteles (384–322 v. Chr.) in seiner *Historia animalium* berichtet, wurde die Pflanze in der Antike auch als Fischgift verwendet. Die Samen enthalten Rotenon, das bei Fischen die Atmung beeinträchtigt, sodass sie zum Luftschnappen an die Wasseroberfläche schwimmen und man sie leicht mit der Hand fangen kann. Römerinnen nutzten die Färbekraft der Pflanze, indem sie einen Blütenextrakt in heißes Wasser gaben und ihren Haaren damit einen Goldton verliehen.

Königskerze (*Verbascum thapsus*), aus: *Afbeeldingen der artseny-gewassen*, Bd. 3 (1796) von Johannes Zorn und Dirk Leopold Oskamp.

WISSENSCHAFTLICHER NAME:
Viscum album

FAMILIE:
Santalaceae (Sandelholzgewächse)

DEUTSCHE TRIVIALNAMEN:
Weißbeerige Mistel; Mistel

ENGLISCHE TRIVIALNAMEN:
European mistletoe; mistletoe

IRISCHE TRIVIALNAMEN:
drualus; druadhlus

ANDERE TRIVIALNAMEN:
vischio, vischio bianco (italienisch); muérdago (spanisch)

NATÜRLICHES VERBREITUNGSGEBIET:
Europa bis Libanon und Nepal, NO-Algerien

HABITATE:
Bäume und Sträucher in offenen Wäldern (Obstgärten, Gärten, Parks, Friedhöfe u. a.)

LEBENSFORM:
kleiner verholzter Halbstrauch

VERWENDUNGEN:
Medizin; spirituell / Magie; Festdekoration; Branntweinaroma

MISTEL

Die Mistel ist ein halbparasitischer (teilweise parasitisch, aber mit der Fähigkeit zur Fotosynthese) immergrüner Halbstrauch, der epiphytisch in den Kronen von Bäumen verschiedener Arten lebt. Sie saugt sich mit angepassten wurzelähnlichen Saugorganen an den Ästen ihres Wirts fest; bei der Keimung dringen diese Haustorien in die Wirtsäste ein, aus denen sie Nährstoffe und Wasser beziehen. *V. album* hat ein großes Verbreitungsgebiet, und man unterscheidet diverse Unterarten, die auf unterschiedlichen Baumarten gedeihen, darunter ebenso Nacktsamer wie sommergrüne Laubbäume.

Die Mistel wächst in Form kugelförmiger Büsche mit Durchmessern von bis zu 1,5 m. Ihre in gegenständigen Paaren sitzenden Blätter sind dick und ledrig, die Sprossachsen gabeln sich pseudodichotom (in zwei Äste). Das Alter von Misteln lässt sich anhand der Zahl der Verzweigungen einer Sprossachse plus zwei Jahre schätzen, weil sich diese oft ab dem dritten Jahr nach Keimung jährlich gabelt. Die Mistel ist eine zweihäusige Pflanze, bei der männliche bzw. weibliche Blüten von verschiedenen Exemplaren gebildet werden. Die von Insekten bestäubten kleinen, unauffälligen, weißen Blüten wachsen in Blütenständen à 3–5 Blüten in den Astachseln.

Im Herbst zeigen sich nach und nach weiße Beeren in Büscheln à 2–6. Sie enthalten einen in klebriges Fruchtfleisch eingebetteten einzelnen Samen. Vögel wie die Misteldrossel fressen die Früchte und verbreiten die Samen, indem sie sie mit dem Schnabel an Ästen von der schmierigen Flüssigkeit befreien oder unverdaut mit ihrem Kot ausscheiden. Die zähe Substanz um den Samen wird hart und verklebt ihn mit dem Ast. Diese Verbindung mit dem „Mist" von Vögeln gab der Pflanze wahrscheinlich ihren Namen. In England wurden die Beeren früher als Vogelleim genutzt: Diesen strich man auf Äste, um kleine Vögel zu fangen (vermutlich, um sie zu essen), und wenn sie das Pech hatten, darauf zu landen, blieben sie daran kleben.

Blätter, Sprossachsen und Beeren der Mistel sind für den Menschen giftig, wobei die Blätter und Sprossachsen stärker toxisch sind als die Früchte, auch wenn Anzeichen dafür sprechen, dass die Giftigkeit von der Wirtsart abhängt. Vergiftungen sind selten und meist nicht schwerwiegend, es ist aber schon vorgekommen, dass Haushunde, die Misteln verschluckt hatten, gestorben sind.

In England gedeihen Misteln vom Osten der Grafschaft Devon bis nach Yorkshire, besonders in Süd- und Mittelengland, wo man sie viel auf Apfelbäumen, Linden, Pappeln und Weißdornen findet. Auf heimischen Eichen wachsen sie nur selten, auch wenn Plinius d. Ä. (23–79) berichtet, dass für Druiden aus Gallien (heutiges Frankreich) nichts heiliger war als eine auf dem harten Holz einer Eiche wachsende Mistel. Ihm zufolge behandelten sie mit einem Misteltrank Unfruchtbarkeit bei Tieren jeder Art und verwendeten ihn als Gegenmittel gegen Gift. Sie schnitten die Misteln weiß gekleidet mit goldenen Sicheln und opferten unter dem betreffenden Baum rituell zwei weiße Stiere.

Der geheimnisvolle Nimbus und die Magie der Mistel leben in ihrer Verwendung als Weihnachtsdekor in England und Irland fort. Auch wenn die Sitte, sich unter einem Mistelzweig zu küssen, erst auf das späte 18. Jahrhundert zurückgeht, leuchtet ein, dass man Pflanzen wie die Mistel, die im Winter grün sind oder Früchte tragen, einst mit Fruchtbarkeit assoziiert hat. Eine kontinuierliche Tradition solcher Rituale lässt sich jedoch unmöglich ausmachen, denn die christliche Kirche merzte sie vor Hunderten von Jahren aus. Der Brauch fordert es, dass die Mistel über einer Tür aufgehängt und für jeden eingeforderten Kuss eine Beere abgepflückt wird. In Frankreich gilt die Mistel als Glücksbringer, den man gern an Neujahr Freunden schenkt, damit das neue Jahr glücklich wird. In der nordischen Mythologie verbindet man die Mistel mit der Göttin der Liebe und Fruchtbarkeit, Frigg; die weißen Beeren stehen für die Tränen, die sie um ihren Sohn Balder vergoss, den ein aus der Pflanze gefertigter Pfeil getötet hatte. Im alten Griechenland assoziierte man die Beeren mit männlicher Fruchtbarkeit und nannte sie „Eichensperma". In der griechischen

Mistel (*Viscum album*), aus: *Flora Danica*, Bd. 10 (1819), von Georg Christian Oeder.

Mistel (*Viscum album*), aus:
Köhler's Medizinal-Pflanzen, Bd. 2 (1887).

Mythologie nahm der trojanische Held Aeneas auf seine Reise in die Unterwelt zum Schutz einen Mistelzweig mit, der ihn sicher hin- und zurückgeleitete.

Berichte über die medizinische Nutzung der Mistel reichen bis zum antiken griechischen Arzt Dioskurides (40–90) zurück. Er beschreibt die Verwendung von *ixos* (das als *V. album* identifiziert wurde) zur Behandlung von Geschwülsten, Magengeschwüren und Milzerkrankungen, zur Beruhigung sowie zur Entfernung von Eiter und von Steinen im Harntrakt.

Der englische Kräuterarzt des 17. Jahrhunderts Nicholas Culpeper (1616–1654) schrieb, Vogelleim (aus Misteln) mache harte Knoten und Tumore weich und könne mit Harz und Wachs vermischt Geschwüre und oberflächliche Wunden heilen. In Pulverform setzte man Mistel bei der „Fallsucht“ (Epilepsie) und bei Rippenfellentzündungen ein.

Volkstümlichen Berichten aus Südengland und Irland zufolge beruhigte man mit Mistel medizinisch auch die Nerven, dämpfte Hysterie und bändigte unwillkürliche Muskelkontraktionen, wie sie für Chorea („Veitstanz“) typisch sind. Zu den volksmedizinischen Verwendungen gehörten auch die Behandlung von Herzklopfen, die Vorbeugung von Schlaganfällen und die Therapie von Masern und Keuchhusten.

Klinische Studien weisen darauf hin, dass Mistel-Phytotherapie (wissenschaftlich begründete medizinische Verfahren, die pflanzliche Medikamente nutzen) die Lebensqualität von Brustkrebspatientinnen erhöhen und nachteilige Auswirkungen von Chemotherapie und Bestrahlung verringern kann. Andere Studien legen nahe, dass Mistel die Überlebenschancen von Patientinnen und Patienten mit bösartigen Brust-, Gebärmutterhals-, Eierstock-, Gebärmutter- und Dickdarmtumoren sowie schwarzem Hautkrebs erhöhen kann.

In Kroatien wird noch immer der traditionelle Mistelbranntwein *biska* hergestellt, der Mistelblätter enthält und auf einem 2.000 Jahre alten Rezept beruhen soll.

4

AFRIKA

Dass Afrika die Wiege der Menschheit ist, wo sich unsere ersten menschlichen Vorfahren entwickelt haben, gilt weithin als ausgemacht. Fossile und genetische Anzeichen sprechen dafür, dass dort, wo es den Menschen gut ging, vor rund 300.000 Jahren unsere Spezies, *Homo sapiens*, aufkam. Vor etwa 200.000 Jahren wanderten Menschen nach Eurasien und erreichten schließlich Australien und die Amerikas. Die menschliche Geschichte kennt viele Völkerwanderungen sowohl nach als auch aus Afrika und ebenso innerhalb des Kontinents. Die größte Wanderungsbewegung westafrikanischer Völker wurde zwischen dem 16. und dem 19. Jahrhundert durch den atlantischen Sklavenhandel ausgelöst. Heute ist Afrika die Heimat von mehreren Tausend ethnischen Gruppen und Kulturen, die schätzungsweise 1.000–2.000 verschiedene Sprachen sprechen.

Botanische Anzeichen weisen darauf hin, dass Afrika auch eines der ältesten Zentren der Domestizierung von Pflanzen ist und mehrere bedeutende Feldfrüchte anbaute, darunter Sorghumhirse (*Sorghum bicolor*), Guinea-Yams (*Dioscorea rotundata*), Perlhirse (*Cenchrus americanus*) und Afrikanischen Reis (*Oryza glaberrima*), die dort erstmals gezogen wurden. Sowohl Perlhirse als auch Afrikanischer Reis kamen zunächst im westlichen Sahel (das heutige Mali) auf; hier hat wahrscheinlich die Nähe des Niger eine wichtige Rolle gespielt. Afrika ist zudem der Ursprungsort des Kaffees: Aus Äthiopien stammt der wilde Arabica-Kaffee (*Coffea arabica*), der seit mehreren Hundert Jahren oder noch länger angebaut wird und wahrscheinlich jahrtausendelang wild geerntet wurde – erst als Nahrung, dann als Getränk.

In Afrika sind viele Zivilisationen und Reiche entstanden, etwa das alte Ägypten, dem wir einige der frühesten, über 5.000 Jahre alten Schriften verdanken. Die alten Ägypter zogen im fruchtbaren Nildelta mehrere Nutzpflanzen, u. a. den vielfältig, insbesondere für die Papiergewinnung genutzten Papyrus (*Cyperus papyrus*). Da man bestimmte Pflanzen mit den alten ägyptischen Göttern verband, verehrte man sie, so z. B. den Blauen Lotus (*Nymphaea nouchali* var. *caerulea*), der psychoaktive Eigenschaften besitzt und auf antiken Papyri und Grabkammerwänden dargestellt wurde.

Aufgrund von Taumelbewegungen der Erdumlaufbahn erlebte die Sahara jahrtausendelang abwechselnd Zeiten der Feuchtigkeit und der Dürre und war einst eine vegetations-, fluss- und seenreiche Region. Vor 8.000–4.500 Jahren wandelte sich das dortige Milieu von feucht zu trocken. Es gibt die Vermutung, dass die Versteppung der Sahara eine der Triebkräfte für die Ausbreitung der Bantu von Westafrika aus in verschiedene Regionen des mittleren und südlichen Afrika ab etwa 4000–3500 v. Chr. war. Die Bantu bauten mehrere Königreiche und Reiche mit hoch entwickelter politischer Struktur und Architektur auf. Zu den Städten mit Steinbauten gehörte Groß-Simbabwe, ein bedeutendes Handelszentrum der Shona, das zwischen dem 11. und 15. Jahrhundert florierte. Heute zählen zu den Bantu-Völkern über 400 eigenständige ethnische Gruppen, u. a. die Shona, Zulu und Xhosa im südlichen Afrika, die Kikuyu in Kenia und die Luba in der Demokratischen Republik Kongo. Das kulturelle Erbe der Bantu schließt Kenntnisse über medizinische Pflanzen wie *Aloe* spp. (s. S. 164) ein, und in vielen Gegenden trägt die traditionelle Medizin zur Deckung des Bedarfs an medizinischer Grundversorgung bei.

Im zentralafrikanischen Regenwald des Kongobeckens, vor allem im südöstlichen Kamerun und in den nördlichen Regionen Gabuns und der Republik Kongo, lebt das halbnomadische Volk der Baka. Sie führten traditionell ein Leben als Jäger und Sammler und nutzten jahrtausendelang den Wald, der ihnen Nahrung, Arzneien und Schutz bot. So ist ihre Kultur reich an Folklore, Musik und Tanz, die mit dem Wald und seinen Mythen verknüpft sind. Die Baka besitzen gründliche Kenntnisse über Waldpflanzen, die sich als Nahrung und Medizin, aber auch als Pfeilgifte eignen, wie z. B. *Strophanthus* spp. (s. S. 170). Entwaldung infolge von Abholzung und der Anlage von Ölpalmenplantagen zwingt die Baka zunehmend zur Sesshaftwerdung. Zudem sind ihnen im Namen des Naturschutzes angestammte Gebiete weggenommen worden, sodass sie für ihren Lebensunterhalt nicht mehr auf den Regenwald bauen können.

Die San sind indigene Völker des südlichen Afrika und zählen zu den ältesten Kulturen der Erde mit einer reichen mündlichen Überlieferung. Ihre in Namibia entdeckten Felsmalereien wurden auf ein Alter von 26.000 Jahren datiert. In der Border Cave in KwaZulu-Natal freigelegte Artefakte sind mit rund 44.000 Jahren noch deutlich älter und nahezu identisch mit von den heutigen San verwendeten Werkzeugen, etwa hölzerne Stöcke zum Graben sowie Ahlen und spitze Knochen, die als Pfeilspitzen benutzt wurden. Traditionell Halbnomaden, zogen die San je nach Jahreszeit und Verfügbarkeit bestimmter Ressourcen wie Wasser und essbare Pflanzen in unterschiedliche Gebiete. Nach der Ankunft der Niederländer in Südafrika Mitte des 17. Jahrhunderts wurden Tausende von San getötet oder gezwungen, für die Siedler zu arbeiten. In den 1950ern übten noch mehrere Tausend San ihre traditionelle Lebensweise aus, jagten mit vergifteten Pfeilen Wild und sammelten in der Kalahari-Wüste in Namibia Pflanzennahrung. In den 1960ern erklärte die Regierung dann riesige Teile des angestammten Lands der Kalahari-San zu Wild- und Naturschutzgebieten. Mittlerweile sind über 80 % der San ihrer herkömmlichen Territorien und Ressourcen beraubt und verfügen nur noch über wenig Land, auf dem sie als Jäger und Sammler leben können.

400 km vom afrikanischen Kontinent entfernt liegt Madagaskar, eine der größten Inseln der Welt mit einer einzigartigen Flora, die sich durch einen hohen Grad an Endemismus (von Natur aus auf eine bestimmte Region beschränktes Auftreten von Arten) auszeichnet. Zu diesen Pflanzen gehören sechs Arten des Baobabs (*Adansonia* spp., s. S. 142) und die Rosafarbene Catharanthe (*Catharanthus roseus*, s. S. 150). Die endemischen Arten entwickelten sich auf Madagaskar in einzigartiger Weise, weil die Insel sich im Mesozoikum von der Hauptlandmasse Afrikas (vor 150–160 Mio. Jahren) und Südasiens (vor 84–91 Mio. Jahren) löste. Madagaskar ist auch die Heimat der Malagasy-Völker, die gemischter afrikanisch-asiatischer Herkunft sind. Sie gehören mehreren ethnischen und kulturellen Gruppen an, die man früher danach unterschied, ob sie in den Bergen oder an der Küste lebten. Genetische Studien lassen vermuten, dass die Vielfalt der Kulturgruppen in Madagaskar die komplexen historischen Beziehungen zwischen Madagaskar, Südost-Borneo und dem Malayischen Archipel widerspiegelt.

WISSENSCHAFTLICHER NAME:
Adansonia digitata

FAMILIE:
Malvaceae (Malvengewächse)

DEUTSCHE TRIVIALNAMEN:
Afrikanischer Affenbrotbaum; Afrikanischer Baobab

ENGLISCHE TRIVIALNAMEN:
baobab; cream of tartar tree; magic tree; pharmacist tree; tree of life; upside-down tree

ANDERE TRIVIALNAMEN:
baobab, arbre aux calebasses, arbre de mille ans, calebassier du Senégal, pain de singe (Frucht) (französisch); buhibab, hamao-hamaraya, gangoleis (Frucht) (arabisch)

INDIGENE NAMEN:
sira (Bambara); dungwol (Dinka); oro (Dogon); babbe, boki, olohi (Peulh); kouka, kuka (Hausa); goui, gouis, lalo, boui (Wolof); boki, bokki (Fulani); hemmer, dumma (Tigre); trega, twega, toayga (More); yag (Somali); isimuhu, umshimulu (Zulu)

NATÜRLICHES VERBREITUNGSGEBIET:
tropisches und südliches Afrika; S der Arabischen Halbinsel (Oman und Jemen)

HABITATE:
trockene Busch- und Grassavannen; Laubwaldsavannen

LEBENSFORM:
Baum

VERWENDUNGEN:
Baumaterial; Fasern (Kleidung, Körbe, Seile); Brennholz; Nahrung und Getränk; Medizin; rituell / spirituell; Schutz

---

BAOBAB

Die majestätische Erscheinung des Baobabs oder Affenbrotbaums, der in den trockeneren Regionen der Subsahara weit verbreitet und ein charakteristisches Merkmal des afrikanischen Busches ist, kommt in vielen Mythen und Schöpfungsgeschichten vor. Mit zunehmendem Alter bilden die Bäume dicke, flaschenförmige oder gedrungen zylindrische Stämme mit verknäuelten Ästen aus, die in die Luft sprießenden Wurzeln ähneln und sie wie auf den Kopf gestellt aussehen lassen:

> *Als die Erde geschaffen wurde, wollten die Tiere dem Schöpfer beim Pflanzen der Bäume helfen. Widerstrebend willigte er ein und gab jedem die Samen eines anderen Baums, bis nur noch die Hyäne und die Samen des Baobabs übrig waren. Das dumme Tier setzte die Baobabsamen verkehrt herum ein, weshalb der Baum aussieht, als wüchsen seine Wurzeln nach oben in die Luft.*

Südafrikanische Tasche aus der Rinde eines Baobabs (*Adansonia digitata*). Kew Economic Botany Collection.

Der Baobab ist die größte Sukkulente der Welt und bestens an harte, wüstenhafte Bedingungen angepasst; seine dicke, faserige Rinde ist extrem feuerbeständig, und der geschwollene Stamm hält wie ein natürlicher Speicher große Mengen Wasser. Er gehört zu den langlebigsten Blütenpflanzen (Angiospermen) der Erde. Man schätzt ihn wegen seiner vielen sozioökonomischen Verwendungen; so werden z. B. aus seinen Rindenfasern Kleidung, Körbe, Seile und Matten gewebt. Der Baobab trägt den Großteil des Jahres über keine Blätter; sie erscheinen erst in der Regenzeit und werden als Nahrung und Medizin geerntet. Man kocht und isst sie wie Spinat.

Die Blüten können sich das ganze Jahr über zeigen außer auf dem Höhepunkt der Trockenzeit. Sie sind cremeweiß und hängend, öffnen sich zwischen Spätnachmittag und Sonnenuntergang und stinken überraschenderweise nach verwesendem Fleisch, was Flughunde anlockt, ihre wichtigsten Bestäuber. Die Blüten welken innerhalb von maximal 24 Stunden. In manchen Gegenden glaubt man, sie beherbergten Geister und Löwen fräßen den, der sie pflückt.

Großes Antilopennetz aus Fasern des Baobabs (*Adansonia digitata*), mitgebracht von Livingstones Expedition nach Sambesi und 1860 als Schenkung nach Kew gelangt. Kew Economic Botany Collection.

Fünf bis sechs Monate nach der Blüte zeigen sich die essbaren Früchte, eine wichtige Nahrungsquelle. Sie sind oval, und ihre harte, samtige Außenhülle schließt das mehlige Fruchtfleisch und die Samen ein. Das Fruchtfleisch ist sehr nährstoffreich und schmeckt scharf, zitrusartig und leicht nach Vanille. Die „Superfrucht" hat hohe Antioxidantienkonzentrationen und ist reich an Vitamin C, B2 und B6, Ballaststoffen, Kalzium, Eisen und anderen Mineralien. Das Kernholz wird statt Weinstein beim Backen benutzt, und die gerösteten Samen können als Kaffeeersatz dienen. Ein Öl aus den Samen gibt eine Feuchtigkeitscreme ab. Jeder Bestandteil der Pflanze ist wertvoll und nützlich.

In vielen afrikanischen Gesellschaften genießt der Baobab auch spirituelle und kulturelle Bedeutung. Forschungsergebnisse lassen vermuten, dass frühe menschliche Siedlungen eng mit ihm verknüpft waren. Völker wie die Dogon, Kagolo und Bambara in Mali pflanzten traditionell Schösslinge wilder Baobabs um ihre Dörfer. Die Dogon setzten sie neben ihren Toiletten in die Erde, um sie mit dem Abwasser zu gießen und so ihr Wachstum zu fördern.

In manchen afrikanischen Kulturen gelten Baobabs als Inkarnationen oder Wohnstätten der Ahnengeister. So bringen z .B. die Gurense in Ghana dem *yaaba* (Ahnenbaum) Opfer dar in der Hoffnung, dass die Ahnen im Gegenzug für ihren Wohlstand oder eine reiche Ernte sorgen. Die Bäume stehen im Dorfleben vielfach im Mittelpunkt von Riten und Zeremonien. Außerdem verbindet man sie mit Fruchtbarkeit. So verehrt man im südlichen Nigeria bestimmte Bäume als Fruchtbarkeitssymbole; in anderen Gegenden existiert die Vorstellung, dass Frauen, die in traditionellen Dörfern mit Baobabs leben, mehr Kinder bekommen, weil sie die nahrhaften, fruchtbarkeitssteigernden Blätter essen. Deren Nährwert wurde in wissenschaftlichen Studien bestätigt; sie sind reich an Vitaminen, besonders Vitamin A und C, und enthalten Eiweiß und essenzielle Aminosäuren, viel Eisen und Kalzium. Vor allem das Eisen und das Vitamin A sind Schwangeren insofern zuträglich, als sie zur Verhinderung von Eisenmangelanämie sowie Erblindung und Geburtsschäden infolge von Vitamin-A-Mangel beitragen.

Die großen Stämme älterer Bäume sind hohl und können als Wasserspeicher und Schutzräume genutzt werden. Der erste schriftliche Bericht über einen Baobab als Wasserreservoir stammt von Ibn Battūta (1304–1369), einem berberisch-maghrebinischen Gelehrten und Forscher, der außerdem 1352 in Mali einen Weber in einem hohlen Baobabstamm weben sah. Künstlich ausgehöhlte Stämme mittelgroßer Exemplare können bis zu 1.800 l Wasser fassen, die großen bis zu 9.000 l, wobei das Wasser jahrelang genießbar bleibt. Einst führten Sklaven- und Elfenbeinräuber aus Äthiopien bei ihrer Durchquerung von Wüsten mit Wasser gefüllte Baobabstämme mit sich.

Details von Frucht und Blatt des Baobabs (*Adansonia digitata*), aus:
Trees of Central Africa (1957) von Olive Coates Palgrave.

Während des Mahdi-Aufstands (1881–1899) wurden im Sudan leider viele Baobabs absichtlich zerstört. Im südlichen Afrika nutzten Bantu-Völker eine Kette von Baobabs von der Kalahari bis Südwestafrika als Wasserspeicher und drohten Reisenden, die aus einem den Pfropfen zogen und so Wasser verschwendeten, die Todesstrafe an.

Hohle Baobabstämme dienten auch bei den bedeutenden Übergängen des Lebens, also bei Geburten und Begräbnissen, als heilige Stätten. Bei der ethnischen Gruppe der Hadza im nordwestlichen Tansania z. B. ziehen sich die Frauen nach der Niederkunft für einen Monat in einen Baobab zurück, bis die Nabelschnur abfällt. In Senegal setzten die Serer Verstorbene, denen ein Begräbnis vorenthalten wurde, in die hohlen Stämme, damit sie mumifizierten, statt die Erde zu verunreinigen. Dabei handelte es sich u. a. um Angehörige der Kaste der Grioten, also um Musiker, Hexer, Dichter und Trommler.

Neuerdings werden die hohlen Stämme u. a als Bushäuschen, Gefängnis, WC oder Wachturm verwendet. Der inzwischen umgestürzte berühmte „Sunland Baobab“ in Südafrika war groß genug, um eine Bar und einen Weinkeller zu beherbergen. Insgesamt sind über 300 Nutzungen des Baobabs bekannt. In der traditionellen Medizin findet fast jeder Teil der Pflanze Verwendung, daher einer seiner englischen Namen: *pharmacist tree*. Es heißt, in Westafrika koche und verzehre man die Wurzeln des Baums in Hungerzeiten; außerdem verarbeitet man sie zu Seife, Gummi, Klebstoff u. a.

Bis heute ist das Leben vieler afrikanischer Völker materiell wie spirituell mit diesem großartigen Baum verwoben und wird von ihm bereichert.

Feldskizze (Aquarell, Gouache und Bleistift) eines Baobabs (*Adansonia digitata*) von Thomas Baines (1861). Der große Baum, der einen Umfang von etwa 21 m hatte, wurde nach einem lokalen indigenen Oberhaupt Marma Kahuwe genannt und stand rund 32 km südwestlich des Ngamisees.

VERLUST URALTER BÄUME

Zwischen 2005 und 2017 sind neun der 13 ältesten afrikanischen Affenbrotbäume eingegangen, darunter der riesige heilige Panke in Simbabwe, der einen Umfang von 25,5 m hatte, es auf fast 400 m^3 Holz und Rinde und ein Alter von geschätzten 2.450 oder mehr Jahren brachte, was ihn zur ältesten bekannten Blütenpflanze aller Zeiten macht. 2010 / 2011 brach er unter seinem eigenen Gewicht zusammen. Die Ursache für den Tod der Bäume ist ungeklärt, aber es besteht der Verdacht, dass der Klimawandel ein wichtiger Faktor gewesen sein könnte.

WISSENSCHAFTLICHE NAMEN:
Catharanthus roseus (Synonym: *Vinca rosea*)

FAMILIE: Apocynaceae (Hundsgiftgewächse)

DEUTSCHE TRIVIALNAMEN:
Rosafarbene Catharanthe; Madagaskar-Immergrün; Rosafarbenes Zimmerimmergrün

ENGLISCHE TRIVIALNAMEN:
Madagascar periwinkle; bright eyes; cape periwinkle; church flower; graveyard plant

INDIGENE NAMEN IN AFRIKA UND AUF DEN INSELN DES INDISCHEN OZEANS:
ikhwinini; ishushlungu; salotra; saponaire; sarita; tonga; tongatse; tsingevika; vonenina

FRANZÖSISCHER TRIVIALNAME:
pervenche de Madagascar

BRASILIANISCH-PORTUGIESISCHE TRIVIALNAMEN:
boa noite; flor de anjinho; lavadeira; isabelita (Amazonasbecken)

NAMEN AUF DEN WESTINDISCHEN INSELN:
brown man's fancy; consumption bush; old maid; periwinkle; pink flower; ram goat rose; red rose; sailor's flower; white tulip

ANDERE TRIVIALNAMEN:
ganeshana hoo (Indien); golapi noyontara (Bangladesch); kakkai pu (Indien); minie mal (Sri Lanka); sada-bahar (Pakistan)

NATÜRLICHES VERBREITUNGSGEBIET:
O- und S-Madagaskar

HABITATE:
tropische Trockenwälder; offene Wälder; Grasland; Störungszonen

LEBENSFORM:
Staude oder Halbstrauch

VERWENDUNGEN:
Medizin; Zierpflanze; Gift; ökologisch

ROSAFARBENE CATHARANTHE

Die Rosafarbene Catharanthe ist eine heimische Pflanze Madagaskars (daher einer ihrer anderen Trivialnamen, Madagaskar-Immergrün), hat sich aber in großen Teilen der Tropen und Subtropen eingebürgert und wird dort als Zier- und Beetpflanze gezogen. In gemäßigten Zonen kann sie als Zimmerpflanze kultiviert werden. In Afrika und Asien wurde sie einst bei Tempeln und in Gärten gepflanzt. Sie hat eine lange Geschichte als Heilpflanze der traditionellen Medizin, etwa in Madagaskar und Afrika, auf dem indischen Subkontinent – Ayurveda, Unani und Siddha – wie auch in der traditionellen chinesischen Medizin (TCM). Die Kombination aus Nützlichkeit und Schönheit führte dazu, dass sie in vielen Ländern weltweit eingeführt wurde, vor allem während der Kolonialzeit.

Die Rosafarbene Catharanthe ist eine wuchernde Pflanze, die bis zu 1 m hoch und 1,5 m breit wird. Ihre glänzenden, dunkelgrünen, ovalen Blätter mit kurzen

Blattstielen sitzen in gegenständigen Paaren an den Stängeln. Sie hat hübsche sternförmige, rosa, weiße oder lila Blüten mit einem Durchmesser von 2–5 cm und fünf an der Basis verwachsenen Kronblättern. Sie entspringen am Ende der Stängel und blühen in warmen Klimazonen ganzjährig. Die Frucht besteht aus einem Paar schlanker, länglicher Balgfrüchte mit je zahlreichen kleinen, braunen, gefurchten Samen. Wie viele verwandte Pflanzen in der Familie der Apocynaceae enthält die Rosafarbene Catharanthe einen giftigen Milchsaft.

Die traditionellen medizinischen Verwendungen von *C. roseus* sind vielfältig und breit; u. a. werden damit behandelt: der Urogenitaltrakt; die Nieren, die Leber und Herz-Kreislauf-Krankheiten; Krebs; Diabetes; Bluthochdruck; Malaria. In verschiedenen Ländern werden unterschiedliche Teile der Pflanze medizinisch genutzt. Extrakte und isolierte Bestandteile haben mehrere pharmakologische Eigenschaften, z. B. antioxidative, antimikrobielle, wurmtötende, als Antifraßstoffe wirkende (verhindern den Fraß von Tieren, insbesondere Insekten, bei Pflanzen), befruchtungsverhütende, antidiarrhoische und antidiabetische.

Auf den Cookinseln kocht man die Blätter und Wurzeln mit Wasser in einem Kessel und trinkt die Flüssigkeit zur Regulierung von Diabetes; auf den Westindischen Inseln übergießt man das Kraut zum selben Zweck mit Whiskey. In Mauritius nimmt man bei Verdauungsstörungen einen Blätteraufguss ein. In Madagaskar werden die Blätter als Brech- und die Wurzeln als Abführmittel verwendet. Auch bei Zahnschmerzen greift man zu der Pflanze. In asiatischen Ländern behandelt man mit einem Tee aus ihren Blättern Aphthen und Magengeschwüre. Extrakte aus den Blüten werden auf Rodrigues und in Jamaika als Augenspülung verwendet. In China nimmt man einen Sud aus den Blättern als Husten-, adstringierendes und harntreibendes Mittel. In Mosambik behandelt man mit einem Heißwasser-Blätterextrakt Rheumatismus.

BIOPROSPEKTION

Nachdem dem kanadischen Forscher Robert L. Noble (1910–1990) zu Ohren gekommen war, dass ein Tee aus der Rosafarbenen Catharanthe auf den Westindischen Inseln als wirkungsvolles Mittel gegen Diabetes galt, ließ er sich in den späten 1940er-Jahren aus Jamaika Proben der Pflanze schicken. Um ihre Wirksamkeit zu testen, injizierte er Ratten einen Wasserextrakt der Pflanze –

mit unerwartetem Resultat: Alle starben infolge einer bakteriellen Infektion. Er fand heraus, dass der Extrakt einen dramatischen Rückgang der weißen Blutkörperchen bei ihnen verursacht hatte. In den 1950ern arbeitete sein Team an der Isolierung des Wirkstoffs – Vinblastin.

Zur selben Zeit wie Noble und sein Team an der University of Western Ontario befasste sich auch der Pharmakonzern Eli Lilly mit *C. roseus*. Im Zweiten Weltkrieg hatte man bemerkt, dass auf den Philippinen stationierte Soldaten die Pflanze bei Insulinknappheit als Ersatzstoff verwendeten.

Nach einem Austausch über ihre bisherigen Forschungsergebnisse entschlossen sich die beiden Gruppen zur Zusammenarbeit. Als Nächstes isolierten sie aus dem Catharanthenextrakt ein anderes, verwandtes Alkaloid, Vincristin, das in den 1960ern zur Behandlung von Blutkrebs bei Kindern freigegeben wurde. Mit Derivaten der Vinca-Alkaloide Vinblastin und Vincristin werden noch immer mehrere Krebsleiden behandelt, darunter das Non-Hodgkin-Lymphom und Blutkrebs. Dank der Entwicklung dieser Medikamente hat sich die Prognose für die Betroffenen spürbar von einer 10 %-igen Überlebensquote auf eine heute 92 %-ige Remissionschance erhöht.

Die Vinca-Alkaloide sind effektive Antikrebsmittel, weil sie die Zellteilung blockieren und so eine starke Vermehrung der Krebszellen hemmen. Die Vincristin- und Vinblastinmengen in *C. roseus* sind allerdings winzig – etwa 500 kg getrocknete Blätter ergeben nur 1 g Vinblastin. Aus anderen, in größerer Konzentration in der Pflanze enthaltenen Alkaloiden lassen sich Vincristin, Vinblastin und Derivate von ihnen halbsynthetisch produzieren.

Obwohl der Pharmakonzern Eli Lilly mit diesen onkologischen Medikamenten Profit macht, hat keiner der Hüter traditionellen medizinischen Wissens oder Madagaskar, das Herkunftsland der Pflanze, irgendeine Entschädigung erhalten. Dank der internationalen Convention on Biological Diversity und des Nagoya-Protokolls ist heute die Verwertung von Pflanzen und anderen genetischen Ressourcen einkommensschwacher Länder durch Forscher*innen oder Unternehmen einkommensstarker Länder nur dann legal, wenn Erstere nach Inkenntnissetzung vorher zugestimmt haben und bestehende Zugangs- und Vorteilsausgleichsabkommen geschlossen wurden. So soll für eine faire und gerechte Aufteilung sämtlicher Gewinne gesorgt werden, die durch die Entwicklung kommerzieller Produkte auf Grundlage des traditionellen Wissens oder der genetischen Ressourcen eines Landes erwirtschaftet werden.

WISSENSCHAFTLICHE NAMEN:
Hoodia gordonii; und andere *Hoodia*-Arten

FAMILIE:
Apocynaceae (Hundsgiftgewächse)

DEUTSCHER TRIVIALNAME:
Aasblume

ENGLISCHE TRIVIALNAMEN:
bushman's hat; Queen of the Namib

AFRIKAANS-TRIVIALNAMEN:
bergghaap; bitterghaap; bobbejaanghaap; bokhorings; jakkalsghaap; muishondghaap; wildeghaap; wolweghaap

INDIGENE NAMEN:
guaap (Khoi); xhoba (San)

NATÜRLICHES VERBREITUNGSGEBIET:
südliches Afrika (Namibia, Cape Provinces und Freistaat)

HABITATE:
Trockenwüsten; trockene Buschsavannen

LEBENSFORM:
sukkulenter Halbstrauch oder Strauch

VERWENDUNGEN:
Medizin; Nahrung; spirituell; Zierpflanze

HOODIA

Hoodia gordonii ist eine Stapelie (sie gehört zur Untertribus der Stapeliinae) – Stammsukkulenten, die Kakteen ähneln. Sie sind aber nicht mit Pflanzen der Familie der Kakteengewächse verwandt; die ähnliche Form ist ein Beispiel für konvergente Evolution: Beide, Stapelien und Kakteen, sind gut an ihre trockenen Umgebungen angepasst. *Hoodia* wird schon lange (vermutlich seit Jahrtausenden) traditionell von den nomadischen Khoi und San des südlichen Afrika zur Unterdrückung von Hunger und Durst verwendet, bezeugt ist das aber erst seit den 1930er-Jahren. Da sie Jägern mehrtägige Jagdzüge durch die Kalahari-Wüste ohne Nahrungs- und Wasserzufuhr ermöglichte, galt die Pflanze als heilig.

Wie andere *Hoodia*-Arten hat *H. gordonii* viele dicke, zylindrische, fleischige, graugrüne bis graubraune Äste, die gefurcht und mit Reihen von 6–12 mm langen Dornen besetzt sind. Anfangs wird nur ein Stamm gebildet; mit zunehmendem Alter entsprießen der Basis aber u. U. mehr als fünfzig Äste. *Hoodia* wird tendenziell ebenso breit wie hoch (bis zu 1 m). Nahe den Spitzen der Äste werden große, runde Blüten gebildet, die meist blassrosa oder fleischfarben sind, aber auch andere Farben haben können; bei einigen Beständen in Namibia sind sie tiefviolettrot. Auch die Größe der Blüten variiert (5–10 cm im Durchmesser), wobei sie gegen Ende der Blütezeit (August / September) kleiner werden. Sie verströmen einen Geruch, der dem von verwesendem Fleisch ähnelt und bestäubende Fliegen und Schmeißfliegen anlockt. Im Oktober und November entwickeln sich die V-förmigen, an Antilopenhörner erinnernden Kapselfrüchte, die hellbraune, flache Samen mit seidigen Haaren am einen Ende enthalten.

Die Khoi und die San greifen bei Nahrungsknappheit und auf langen Jagdzügen auf verschiedene *Hoodia*-Arten zurück. Zuerst werden die Äste geschält und so von den Dornen befreit, dann in kleinen Stücken frisch gegessen. Das Afrikaans-Wort für *Hoodia*-Arten, *veldkos* („Buschnahrung"), lässt vermuten, dass ihr Verzehr üblich war. *H. gordonii* galt wegen ihrer Bitterkeit gegenüber anderen *Hoodia*-Arten als minderwertig und bekam von den Afrikaandern abfällige Namen verpasst, wie z. B. *jakkalsghaap* oder *muishondghaap*, d. h. nur für Schakale bzw. Wiesel genießbar.

Hoodia-Arten wurden traditionell auch als Arznei gegen allerlei Krankheiten verwendet. Mit *H. currori* wurden Verdauungsstörungen und Bauchschmerzen sowie Bluthochdruck und Diabetes behandelt; mit *H. officinalis* und *H. gordonii* ging man gegen Tuberkulose und mit dem Honig ihrer Blüten gegen Krebs vor.

Bei den Khoi-San galt *Hoodia* als eine der wichtigsten Pflanzen überhaupt – als „Lebenskraft", die ihnen ebenso Nahrung, Wasser und Energie wie Heilung schenkte. Heute steht sie für das einstige nomadische Leben der Khoi-San, als sie noch im Buschland Nahrung sammelten und jagten.

Aus *H. gordonii* wurden mehrere bioaktive Verbindungen extrahiert, darunter ein steroidales Glykosid namens P57AS3 (bekannter als P57). Wahrscheinlich sind die in *Hoodia* enthaltenen steroidalen Glykoside für deren appetithemmende Eigenschaften verantwortlich. Sie haben vermutlich insofern eine ähnliche Wirkung auf das Gehirn wie Glukose, als sie im Hypothalamus Hungersignale unterdrücken und so Sattheitsgefühl und Appetitverminderung auslösen. Tier- und klinische Studien haben zudem gezeigt, dass P57 die Magensäuresekretion reduzieren kann und daher Potenzial für Rezepturen zur Behandlung von Sodbrennen und anderen Krankheiten birgt, die mit übermäßiger Magensekretion zu tun haben. Studien mit adipösen zuckerkranken Ratten haben ergeben, dass Extrakte aus dem getrockneten *Hoodia*-Saft, der neben P57 zahlreiche weitere Verbindungen enthält, zu Gewichtsverlust führen und Diabetes entgegenwirken können. Daher ist *Hoodia* in diversen kommerziellen Fettkillern und Nahrungsergänzungsmitteln enthalten.

In gemäßigten Klimazonen wird sie auch als originelle, hübsche Zierpflanze für Tropen-Wüstengärten und Treibhäuser verkauft.

Ein gestiegenes Interesse an *Hoodia* und ihre Kommerzialisierung als Nahrungszusatz haben zum nicht nachhaltigen Ernten der Pflanze in der Natur geführt. Weil der Handel mit *Hoodia* deren natürliche Bestände gefährdet, wurden 2004 alle *Hoodia*-Arten in Anhang II des Washingtoner Artenschutzübereinkommens aufgenommen, das den internationalen Handel mit ihnen regulieren soll. *Hoodia* ist außerdem durch Habitatverschlechterung und -verlust infolge von Landwirtschaft und Bebauung gefährdet. *H. gordonii* steht in Namibia und den Cape Provinces daher unter Naturschutz.

DIE KONTROVERSE UM P57

Im Rahmen von Forschungsarbeiten über essbare Pflanzen widmete sich der Council for Scientific and Industrial Research (CSIR) in Südafrika *Hoodia*-Arten und erzielte einen Durchbruch bei der Aufdeckung der chemischen Struktur der appetithemmenden Verbindung P57, die 1995 patentiert wurde. Weitere Patente wurden bezüglich der antidiabetischen und magenschützenden Eigenschaften von *H.-gordonii*-Extrakten angemeldet. Mit dem britischen Pharmakonzern Phytopharm wurde ein Lizenzvertrag geschlossen, mit dem die Entwicklung und Kommerzialisierung von P57 an den multinationalen US-Pharma- und Biotechnologiekonzern Pfizer unterlizenziert wurden. Infolge eines Firmenzusammenschlusses 2003 stellte Pfizer die P57-Forschung ein, und 2004 wurde das Patent zwecks Einbaus von P57 in Fettkillerprodukte an den multinationalen Konsumartikelgiganten Unilever lizenziert.

Diese Patente und Lizenzierungsabkommen zwecks Kommerzialisierung wurden ohne Hinzuziehung der San gebilligt, der Hüter des traditionellen Wissens, auf dem die Forschung beruhte. Anklagen wegen Biopiraterie mündeten in einen langwierigen Rechtsstreit und ein 2003 unterzeichnetes Abkommen, demzufolge der Rat der San 8 % der Vergütungen, die der CSIR von Lizenznehmern bekommen hat, und 6 % aller Lizenzgebühren nach Kommerzialisierung erhält. 2009 stellte Unilever seine *Hoodia*-Aktivitäten aufgrund von Sicherheits- und Wirksamkeitsbedenken ein. Während in die gescheiterte Entwicklung eines kommerziellen Medikaments über 40 Mio. $ investiert worden waren, bekamen die San insgesamt nur 73.000 $.

WISSENSCHAFTLICHER NAME:
Momordica charantia

FAMILIE:
Cucurbitaceae (Kürbisgewächse)

DEUTSCHE TRIVIALNAMEN:
Bittermelone; Bittergurke; Goya-Gurke; Balsambirne; Balsamapfel

ENGLISCHE TRIVIALNAMEN:
balsam pear; bitter melon; bitter apple; African cucumber; leprosy gourd; maiden apple; maiden blush (Westindische Inseln)

INDIGENE UND ANDERE NAMEN:
guinsika („Gold der Guin“); guingbe („Pflanze der Guin“ / Mina-, Guin-Dialekt); karela; carilla (China, Indien und Pakistan); ampayla (Philippinen); cundeamor; balsamina (Kuba, Puerto Rico und spanischsprachiges tropisches Amerika)

NATÜRLICHES VERBREITUNGSGEBIET:
tropisches und subtropisches Afrika; S- und SO-Asien; Melanesien und Australien (in vielen anderen tropischen und subtropischen Regionen eingebürgert, z. B. in China und Südamerika)

HABITATE:
feuchte Tropen; Rodungsflächen und Störungszonen; häufig angebaut

LEBENSFORM:
einjährige krautige Kletterpflanze

VERWENDUNGEN:
Nahrung; Medizin; Geburtenkontrolle; spirituell; Zierpflanze

BITTERMELONE

Die pantropische krautige Kletterpflanze *Momordica charantia* ist eine wichtige Gemüse- und Heilpflanze, die DNA-Studien zufolge erstmals vor etwa 6.000 Jahren domestiziert wurde. Sie stammt aus Afrika, von wo sich wilde und halbdomestizierte Exemplare nach Asien ausbreiteten, vermutlich das Zentrum ihrer vollständigen Domestizierung. Bei verschiedenen Völkern Afrikas, u. a. den !Kung (eine der Nomadengruppen der San, die vom Jagen und Sammeln lebten), war die Bittermelone ein wichtiges Grundnahrungsmittel in Trockenzeiten. Es heißt, sie sei durch den Sklavenhandel von Afrika nach Brasilien gelangt.

M. charantia ist eine einhäusige (männliche und weibliche Blüten an derselben Pflanze), schlanke, rankende oder hängende, bis zu 5 m lange krautige Pflanze. Im Anbau einjährig, kann sie aber mehr als eine Saison leben, vor allem die Wildformen tropischer Regionen. Sie wächst rasch und hüllt jede Stütze ein. Sie bildet

Ranken und hat wechselständige, handförmig gelappte, dunkelgrüne (bei den Kultursorten hellere) Blätter. Die zahlreichen kleinen, gelben Blüten duften. Die weiblichen riechen kräftiger, sind oft kleiner als die männlichen und haben im Gegensatz zu diesen Fruchtknoten. Bestäubt werden sie von verschiedenen Insekten, etwa Bienen, Schmetterlingen und Käfern. Bittermelonensorten unterscheiden sich in Form, Größe und Bitterkeit der Frucht beträchtlich. Die reifen Früchte der Kultursorten können 10–35 cm lang und 4–8 cm breit werden. Erst grün, sind sie im Reifestadium orange. Die Zahl der Samen variiert; Wildformen bilden pro Frucht bis zu 30, Kultursorten nur 2–10. Sie sind hellbraun bis schwarz und von einem scharlachroten, süß schmeckenden Arillus umschlossen.

Da die unreife Frucht der Kultursorten von *M. charantia* kulinarisch vielfältig verwertet wird – z. B. in Eintöpfen und Suppen, eingelegt, gefüllt oder in Pfannengerichten –, ist die Pflanze eine wichtige kommerzielle Nutzpflanze. Um die Bitterkeit der Frucht zu mildern, wird sie vor dem Kochen blanchiert oder in Salzwasser gelegt. Die jungen Triebe und Blüten werden zum Würzen verwendet und die Blätter als Gemüse gegessen. Die fleischigen Samenmäntel sind eine Süßigkeit. Im Vergleich zu anderen Arten in der Familie der Kürbisgewächse hat die Bittermelonenfrucht einen hohen Nährwert; sie ist eine gute Quelle für Eisen, Phosphor und Vitamin C, und die jungen Triebe und Blätter enthalten relativ viel Kalzium, Karotin, Riboflavin und Vitamin C.

In der traditionellen Medizin wird fast jeder Teil der Pflanze vielfältig genutzt, was auf ihre lange Verbindung mit Menschen hinweist. Mit einem Umschlag aus den Blättern oder einem Saft aus oberirdischen Teilen der Pflanze werden äußerlich Hautkrankheiten sowie Windpocken und Masern bei Kindern behandelt. Die adstringierende Wurzel wird auf Hämorrhoiden aufgebracht und ein Aufguss aus der reifen Frucht als Mittel dagegen eingenommen.

Bei Einnahme wirken die meisten Teile der Pflanze abführend und in hohen Dosen u. U. tödlich; so verstarb ein Kind an einer Überdosis des Blättersafts. Der Saft der reifen Frucht wird als Wurmmittel und gegen Gicht und Rheumatismus verwendet. Mit Bittermelonenpräparaten werden auch Malaria, Ruhr, Magen-Darm-Beschwerden, Diabetes und gynäkologische Probleme behandelt.

Mit einem Wurzelsud oder großen Portionen der Frucht werden Abtreibungen eingeleitet. Bei einigen afrikanischen Ethnien wird die Wurzel in Aphrodisiaka verarbeitet.

Bittermelone (*Momordica charantia*), aus:
Flore pittoresque et médicale des Antilles, Bd. 8 (1829),
von Michel Étienne Descourtilz.

Bittermelone (*Momordica charantia*),
aus: *Curtis's Botanical Magazine*,
Bd. 51 (1824).

Westafrikanische Heiler sprechen der Pflanze starke medizinisch-spirituelle Eigenschaften und somit Schutz gegen Verwünschungen, Krankheit, böse Geister, Zauber und Wahnsinn zu.

Studien zufolge besitzen Bittermelonenextrakte einige Antikrebs-, antibiotische, antivirale und antidiabetische Eigenschaften, doch das muss noch näher erforscht werden.

RITUELLE NUTZUNG

Bittermelonenranken werden bei traditionellen Zeremonien verwendet, die die Lebenden mit den Vorfahren verbinden, insbesondere denen der Guin an der Küste von Togo in Westafrika. Deren Vorfahren lebten an der Küste von Ghana in der Nähe von Labadi in Accra, flohen aber Mitte des 17. Jahrhunderts aufgrund von Kriegen zwischen ethnischen Gruppen, die sich durch den Sklavenhandel verschärft hatten, ostwärts ins heutige Togo. Ihrer mündlichen Überlieferung zufolge trugen sie dabei Ketten aus *Momordica*-Ranken, die ihre Feinde verschrecken sollten, sodass sie sicher zu ihrer neuen Heimat in Glidji-Kpodji auf der Nordseite des Togosees gelangten.

Momordica gilt noch heute als wirkmächtiges Zaubermittel und wird bei traditionellen Voodoo-Zeremonien als Kette, Armband oder Krone getragen. Eine dieser Zeremonien ist das alljährliche „Nehmen des heiligen Steins" im Rahmen des Epe-Ekpe- oder Ekpessosso-Festes im September, mit dem der Beginn des neuen Jahres begangen wird. Auf dessen Höhepunkt holt der Oberste Priester der Guin aus den Tiefen des heiligen Walds von Glidji-Kpodji einen mystischen Stein, an dessen Farbe sich zeigt, wie das neue Jahr werden wird. Er und seine männlichen Helfer (*vodussi*) tragen dabei Bittermelonenranken, die bei dem Ritual reinigend wirken sollen. Zu der wichtigen zeremoniellen Rolle der Pflanze tritt ihr hohes Ansehen als Heilpflanze. Manche traditionellen Heiler der Guin, die Pflanzenmittel einsetzen, sind auch Priester der naturbasierten Voodoo-Religion.

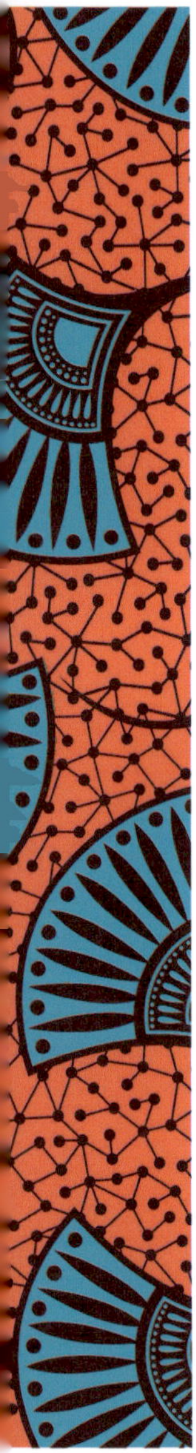

WISSENSCHAFTLICHE NAMEN:
Aloe vera (Synonym: *A. barbadensis*)

FAMILIE:
Asphodelaceae (Affodillgewächse)

DEUTSCHER TRIVIALNAME:
Echte Aloe

ENGLISCHE TRIVIALNAMEN:
aloe; Barbados aloe

ANDERE TRIVIALNAMEN:
babosa (portugiesisch); Curaçao aloe

NATÜRLICHES VERBREITUNGSGEBIET:
N-Oman (Hadschar-Gebirge); anderswo breit eingebürgert, u. a. in N-Afrika, im Mittelmeerraum, in Südasien, Mexiko und Mittelamerika

HABITATE:
Trockenwüsten oder trockene Buschsavannen

LEBENSFORM:
sukkulente, immergrüne, ausdauernde Pflanze

VERWENDUNGEN:
Medizin; Getränk; Kosmetik; Faser; ökologisch; sozial

ALOE VERA

Botanischen Studien zufolge stammt *Aloe vera* aus den Bergen Omans und wurde im Altertum in ganz Nordafrika und im Mittelmeerraum eingeführt. Die medizinischen und lindernden Eigenschaften der Aloearten sind seit Jahrtausenden bekannt; auf Felszeichnungen der südafrikanischen San sind Aloe-Darstellungen entdeckt worden, die von der biokulturellen Bedeutung der Pflanze zeugen. Seit mindestens 2.000 Jahren ist *A. vera* ein Handelsgut; sie kommt in den medizinischen Texten des alten Griechenland, Rom und Arabien und auch im Papyrus Ebers vor, der um 1550 v. Chr. in Ägypten entstand. Im Zuge menschlicher Aktivitäten hat sich die Pflanze in vielen anderen Gegenden in aller Welt eingebürgert. Angesichts ihrer großen Bedeutung überrascht es vielleicht nicht, dass sich Mythen und Legenden um sie ranken – von denen die meisten nicht verifizierbar und wahrscheinlich unzutreffend sind. Dazu gehört die Mär, die ägyptischen Königinnen Nofretete (um 1370–1330 v. Chr.) und Kleopatra (69–31 v. Chr.) hätten bei der Schönheitspflege u. a. auf Aloeextrakte gesetzt.

A. vera hat sehr kurze oder gar keine Stämme, aber (bis zu etwa 50 cm) lange, graugrüne sukkulente Blätter, die in spiraliger Rosettenform angeordnet sind und rosastichige, mit Zähnen besetzte Ränder und oben manchmal weiße Punkte oder Flecken haben. Im Innern befindet sich eine gelähnliche Substanz, die für verschiedene Gesundheits- und Kosmetikprodukte genutzt wird. Die Pflanze kann sich ungeschlechtlich fortpflanzen und bildet an der Basis der Elternpflanze oft dichte Gruppen von Ablegern. Die Blütenstände können bis zu 90 cm hoch werden und tragen gelbe, bis zu 3 cm lange, röhrenförmige Blüten, aus denen die Staubbeutel und die Narbe herausragen. Kleine Vögel und ein paar Schmetterlinge können sie bestäuben. Die Pflanze gedeiht in Wüstenumgebungen, wo sie als dürreresistente Nutzpflanze angebaut wird, die weniger Wasser benötigt als andere gebräuchliche Nutzpflanzen und -tiere.

A. vera wird viel in der Kräutermedizin und für Markenprodukte verwendet, medizinisch vor allem zwei Teile: das durchsichtige Gel im Blatt für das oberflächliche Auftragen auf Wunden, Verbrennungen und Hautreizungen (z. B. Insektenbisse); und die Bitteraloe genannte gelbe, harzige Flüssigkeit am Blattansatz, die traditionell als starkes Abführmittel verwendet wurde. Bitteraloe-Präparate sind nicht mehr zu empfehlen, weil sie viele Anthrachinone enthalten, die möglicherweise erbgutschädigende und -verändernde Wirkung haben.

Das durchsichtige Blattgel bildet beim Auftragen auf Wunden eine Schutzschicht und trägt zu besserer Heilung bei, indem es die Bildung neuer Zellen ankurbelt und dank seiner antibakteriellen Eigenschaften das Infektionsrisiko senkt. Traditionell werden damit äußerlich Brustdrüsen- und andere Entzündungen gelindert. In Flüssigarzneien wird es bei Magenkrebs eingesetzt. Zur Linderung von Kopfschmerzen reibt man sich das Gel auf die Stirn. Die Blätter werden traditionell für Umschläge oder, mit Honig und Zitronensaft gemischt, als Sirup bei Erkältungen und anderen Atemwegserkrankungen verwendet. Außerdem ist das Blattgel ein Haarmittel und wird äußerlich bei Akne aufgetragen.

Aufgrund ihrer rückfettenden, entzündungshemmenden und wundheilenden Eigenschaften ist Aloe eine gebräuchliche Zutat in der Kosmetikindustrie, vor allem in Haut- und Haarpflegeprodukten. Auch wird sie als Feuchtigkeitsspender in teuren Kosmetiktüchern und Toilettenpapier verarbeitet. Ein Saft aus *Aloe-vera*-Blättern wird als Gesundheitsgetränk und in Form von Nahrungsergänzungsmitteln verkauft. Darüber hinaus wird aus den Fasern der Pflanze ein Garn für einen baumwollähnlichen Stoff gefertigt.

Auf kleineren klinischen Studien basierende Daten deuten darauf hin, dass *A. vera* wirkungsvoll Verbrennungen ersten und zweiten Grades heilt und die Chancen auf die Rettung erfrorenen Gewebes erhöht. In anderen klinischen Versuchen zeigte sich, dass das oral eingenommene Blattgel bei Patient*innen mit Diabetes Typ 2 oder Prädiabetes- / Stoffwechselsyndrom signifikant die Blutzucker- und Cholesterol-

Aloe vera, aus: *Phytanthoza iconographia*, Bd. 1 (1737), von Johann Wilhelm Weinmann.

Aloe [Aloe vera] und Koschenillekaktus [Opuntia cochenillifera], in: Flower, Teneriffe von Marianne North (1830–1890).

konzentration senken kann. In einer gesonderten Studie zeigte oral einzunehmendes Aloegel nutzbringende Wirkung bei Patient*innen mit entzündlicher Darmerkrankung. Erwiesenermaßen trägt es auch dazu bei, bei Patient*innen mit gastroösophagealer Refluxkrankheit (GERD) Sodbrennen und saures Aufstoßen zu reduzieren – es war fast so effektiv wie die entsprechenden verordneten pharmazeutischen Mittel.

Einige aktive Bestandteile des Aloegels, darunter Polysaccharide wie Acemannan und Lektine, haben immunstimulierende und Antikrebswirkung gezeigt. Mit Acemannan werden Katzen und Hunde mit einem Tumortyp namens Fibrosarkom behandelt.

Eine langfristige innerliche Anwendung sollte man aufgrund begrenzter Sicherheitsdaten vermeiden, weil sie möglicherweise das Risiko einer Nierenentzündung und Hepatitis birgt. Studien an Nagetieren haben zudem gezeigt, dass Extrakte aus ganzen Aloeblättern Magen-Darm-Reizungen hervorrufen können; bei Ratten führen sie zu Dickdarmkrebs.

SOLDATENARZNEI

Einer mit der Aloe verknüpften Legende zufolge überredete der antike griechische Philosoph und Universalgelehrte Aristoteles (384–322 v. Chr.) Alexander den Großen dazu, auf der Insel Sokotra östlich des Horns von Afrika im Indischen Ozean einzufallen, um den Nachschub an Aloe zur Behandlung seiner verwundeten Soldaten zu sichern. Es ging dabei um die abführende Wirkung der Pflanze, denn man glaubte, Krankheiten durch Säuberung des Körpers heilen zu können. Aloeblätter nahm man bei Kriegen auch zur Behandlung von Speer- und Pfeilwunden mit. In die „Neue Welt“ soll Christoph Kolumbus (1451–1506) die Pflanze gebracht haben. Das ist umstritten, aber wahrscheinlich führten die spanischen Konquistadoren sie in die Karibik und andere Teile der Amerikas ein, wo sie inzwischen eingebürgert ist.

WISSENSCHAFTLICHER NAME:
Strophanthus gratus

FAMILIE:
Apocynaceae (Hundsgiftgewächse)

ENGLISCHE TRIVIALNAMEN:
poison arrow vine; cream fruit

INDIGENE NAMEN:
begoese; egero-egero; ejoku ja mfa; gohodo; gondo isa; isa-gidi; isa-ogbubu; isagere; kalanmeni; konen; m-moropo; matwa; oroko; ota; oubain; sagere; salo; siniabie; wabayo

NATÜRLICHES VERBREITUNGSGEBIET:
W- und W-zentrales tropisches Afrika

HABITATE:
tropische Wälder; Waldränder; Flussufer

LEBENSFORM:
immergrüner kletternder Strauch oder kleiner Baum

VERWENDUNGEN:
Gift; Medizin; Zierpflanze

STROPHANTHUS GRATUS

Die Gattung *Strophanthus* umfasst 39 anerkannte Arten, von denen die meisten im tropischen Afrika heimisch sind, manche aber im südlichen Afrika und bis nach Asien hinein gedeihen. *Strophanthus*-Arten enthalten ein starkes Gift, das mehrere afrikanische Ethnien jahrtausendelang für die Herstellung tödlicher Pfeilgifte genutzt haben. Eine dieser giftigen Arten ist *S. gratus*, die die Nomadenvölker Gabuns, Kameruns und der Zentralafrikanischen Republik einst für die Jagd auf Wild mit Giftpfeilen und -speeren verwendeten. Das Wissen über den Einsatz von Pfeilgift wurde von den Ältesten reglementiert, die die Herstellungsdetails geheim hielten. Um Nutzung und Besitz des Gifts drehten sich Zeremonien und andere soziokulturelle Praktiken. Ihrer Giftigkeit zum Trotz gilt die Art überraschenderweise traditionell auch als Glücksbringer. Heute wird sie wegen ihrer hübschen, süß duftenden Blüten in tropischen Gegenden als Zierpflanze angebaut.

S. gratus wächst in Form einer verholzenden Liane, die bis zu 25 m lang wird; ihr Stamm ist bis zu 10 cm dick und hat dunkle oder violettbraune Äste. Wie andere Hundsgiftgewächse produziert sie einen durchsichtigen oder durchscheinenden Milchsaft. Die ledrigen Blätter sind glänzend und oval, 5–18 cm lang und 2–9 cm breit. Die duftenden, meist weißen oder rosa, röhrenförmigen Blüten wachsen am Ende der Äste in Büscheln, die sich am Ansatz gelb färben. In der Blütenmitte befindet sich ein auffälliges trichterartiges, rosaviolettes oder rotes Gebilde mit Fransensaum, die Nebenkrone. Die Frucht, eine lange, schmale, zugespitzte Balgfrucht, platzt im reifen Zustand auf und gibt zahlreiche Samen frei, die mit einem federigen, die Verbreitung durch den Wind erleichternden Haarschopf ausgestattet sind.

Traditionelle Jäger ernten die Samen, bevor die Früchte reif sind. Sie enthalten ein Herzglykosid – das sogenannte g-Strophanthin, eine starke, hochgiftige Verbindung, die akutes Herzversagen auslösen kann. G-Strophantin erhöht die Anspannung des Herzmuskels und verändert den Herzschlag. Saft, Holz, Früchte und Samen lassen sich zu Giftpräparaten für Pfeile verarbeiten. Im Kongo stellt man Pfeilgift aus einer Mischung der Säfte frischer *S.-gratus*-Rinde und von *Cryptolepis nigrescens* (ein anderes Hundsgiftgewächs) her. Da g-Strophantin und andere Strophanthine der Hundsgiftgewächse vom Darm nur schlecht absorbiert werden, kann man das Fleisch der damit erlegten Tiere bedenkenlos essen. In der Blutbahn wirken die Gifte hingegen rasch tödlich.

S. gratus wird auch in der traditionellen Medizin genutzt, insbesondere als Gegengift zu giftigen Schlangenbissen. Seine Blätter werden zerstoßen und auf die Stelle aufgebracht, auf der das Gift gelandet ist – wenn eine Echte Kobra (*Naja*-Arten) ihr Gift in die Augen gespritzt hat, sogar dort. Viele Schlangengifte enthalten Enzyme, die sich auf den Blutgerinnungsfaktor auswirken. In Westafrika ist eine Schlange verbreitet, deren Bisse für eine signifikante Zahl von Todesfällen verantwortlich sind: die Gemeine Sandrasselotter (*Echis carinatus*). Ihr Gift bewirkt eine erhöhte Blutgerinnung, was beim Menschen letztlich zu einem erhöhten Verbrauch von Fibrinogen (das zur Blutgerinnung beiträgt) und so zu inneren Blutungen führt. Einer Studie zur Gegengiftaktivität von wässrigem Blätterextrakt aus *S. gratus* zufolge hat dieser bei einer Standarddosis von *E.-carinatus*-Gift eine dosisabhängige Fähigkeit, die Blutgerinnungszeit zu verlängern.

Mit der Wurzelrinde werden Lebensmittelvergiftungen behandelt. In der Elfenbeinküste wird ein Aufguss aus den Blättern bei Verstopfung und zur Fiebersenkung verabreicht. Mit einem Sud aus Blättern und Ästen wird Tripper behandelt. Andere traditionelle medizinische Verwendungen lassen entzündungshemmende und antioxidative Aktivitäten vermuten. In Westafrika trägt man die zerstoßenen Blätter oder eine Wurzelpaste auf Wunden auf, auch auf vom Medinawurm verursachte. Der Wurzelsud gilt zudem als effizientes Aphrodisiakum.

Dem ausgiebigen Gebrauch von *S. gratus* bei afrikanischen traditionellen Heilern zum Trotz existieren nur begrenzte Daten zu seinen biologischen Aktivitäten. Analysen zu seinen Inhaltsstoffen haben die Existenz von Polyphenolen, Flavonoiden, freien Chinonen, Tanninen, Alkaloiden, Anthocyanen und Saponinen zutage gefördert. Wässrige und alkoholische Wurzelextrakte haben schmerzlindernde Aktivität gezeigt (ähnlich nicht steroidalen Antirheumatika [NSAIDs], die die Schmerzempfindlichkeit unterdrücken), und Wundsalbenrezepturen aus den Extrakten erwiesen sich als förderlich für die Wundheilung.

Aus Ghana wurde von antimikrobiellen und antioxidativen Aktivitäten wässriger und alkoholischer Extrakte der Astrinde von *S. gratus* berichtet. Da andere Arten der Gattung in traditionellen Kräuterarzneien zur Behandlung ähnlicher Indikationen genutzt werden, besitzt sie wahrscheinlich ähnliche Eigenschaften. So haben Studien gezeigt, dass Extrakte von *S. hispidus* antimikrobielle, antioxidative und entzündungshemmende Eigenschaften sowie herzstärkende, blutdrucksenkende und hypoglykämische Aktivitäten aufweisen.

Strophanthus gratus, aus: *Specimens of the Flora of South Africa* (1849) von Arabella Elizabeth Roupell. (In der Illustration wird das Synonym *Roupellia grata* verwendet.)

2.

Strophanthus gratus, aus:
Curtis's Botanical Magazine,
Bd. 75 (1849).

DIE MODERNE MEDIZIN

Im 19. Jahrhundert wurden die Samen mehrerer *Strophanthus*-Arten (auch von *S. gratus*) nach Europa ausgeführt; von David Livingstones (1813–1873) Sambesi-Expedition (1858–1864) gelangte ein großes Exemplar von *S. kombe* in das Herbarium von Kew Gardens. 1885 wurde das erste Herzglykosid aus *Strophanthus* isoliert und unter dem Namen Strophanthin als therapeutischer Ersatzstoff für Fingerhutblätter vorgeschlagen. Schon kurze Zeit später war es üblich, Herzpatient*innen pharmazeutische *Strophanthus*-Präparate zu verschreiben, sodass die Nachfrage rasch das Angebot überstieg. In den 1940er-Jahren wurde die Struktur der Strophanthine bestätigt, und von da an bis in die 1970er-Jahre empfahlen Narkoselehrbücher g-Strophantin und ein Strophanthin aus *S. kombe* für die Wiederbelebung und die Schockbehandlung. Die Entwicklung anderer Medikamente, darunter Katecholamine, für die Schockbehandlung sowie Fortschritte in der Anästhesie und der Behandlung von Herzerkrankungen führten später zum rückläufigen Einsatz von Strophanthinen.

In Deutschland befürworten manche Ärzt*innen g-Strophanthin nach wie vor und verschreiben es als orales Medikament bei Angina und Herzversagen.

5

ASIEN

Asien ist der größte und bevölkerungsreichste Kontinent der Erde: Es macht über 30 % ihrer Landmasse aus und beherbergt 60 % der menschlichen Population. Im von enormer ökologischer, ethnischer und kultureller Vielfalt geprägten Asien entwickelten sich einige der ältesten Zivilisationen. Dieser durchaus umstrittene Begriff bezeichnet i. A. eine komplexe Gesellschaft mit Städten (nach dem lateinischen *civis*: Städter).

Die Anfänge der Landwirtschaft liegen wahrscheinlich in der westasiatischen Region Fruchtbarer Halbmond, die manchmal „Wiege der Zivilisation" genannt wird. In Mesopotamien im Norden dieser Gegend, zwischen den Flüssen Tigris und Euphrat (im heutigen Irak), fand ab ca. 10.000 v. Chr. die sogenannte neolithische Revolution statt. Dort entstanden mehrere antike Zivilisationen, darunter Sumer, wo um 4000 v. Chr. die Keilschrift als erste Schriftsprache geschaffen wurde. Erhalten gebliebene mesopotamische Schrifttafeln beschreiben die Abholzung eines bedeutenden Zedernwalds durch den sumerischen Helden Gilgamesch. Dieses im Gilgamesch-Epos bezeugte Ereignis ist der früheste überlieferte Ökozid. Heute wird die im Nahen Osten heimische Zedernart *Cedrus libani* von der International Union for Conservation of Nature (IUCN) als „gefährdet" eingestuft.

Ein anderes Zentrum der frühen Zivilisation in Asien war das Industal, wo seit der Bronzezeit Siedlungen entstanden. Sie florierten zwischen 2600 und 1700 v. Chr. in der Flussniederung des Indus und lagen auf einem riesigen, ca. 1.500 km² großen Gebiet im heutigen Nordwestindien, Pakistan und Afghanistan. In Harappa und Mohenjo-Daro haben Ausgrabungen Städte zutage gefördert, die von bemerkenswerter Planung und Anlage zeugen und Gebäude aus langlebigen Ziegelsteinen und Steinen sowie Entwässerungs- und Wasserzufuhrsysteme aufweisen. An diesen Stätten fand man auch Belege für die Verwendung von Heilpflanzen, z. B. des Niembaums (*Azadirachta indica*, s. S. 180).

Die ältesten Texte des indischen Subkontinents stammen aus der nordwestlichen Region „Sapta Sindhavah" („die sieben Flüsse"). Sie wurden in der vedischen Epoche (um 1500–500 v. Chr.) in altem Sanskrit verfasst und schließen den Rigveda ein. Dieser enthält Berichte über 67 Heilpflanzen, insbesondere Soma (s. S. 203) – eine heilige Pflanze, aus der ein rituell bedeutsames Getränk gemacht wurde, das Unsterblichkeit verleihen sollte. Andere vedische Texte beschreiben die Eigenschaften von über tausend Heilpflanzenarten, deren Identität aufgrund von Übersetzungsproblemen allerdings vielfach umstritten ist, zumal vedische Namen sich auf Eigenschaften beziehen können, die mehreren Pflanzen zu eigen sind. Analysen haben über 1.540 in der ayurvedischen Medizin verwendete Pflanzenarten mit etwa 9.500 Sanskritnamen aufgezeigt, die zwischen 1500 v. Chr. und 1900 aufgeschrieben wurden und von denen 1.689 mehr als nur eine botanische Entsprechung haben. Viele der in den vedischen Texten identifizierten Pflanzen werden noch heute in ayurvedischen Rezepturen verwendet, etwa die Schlafbeere (*Withania somnifera*, s. S. 210), das Indische Basilikum (*Ocimum tenuiflorum*, s. S. 204) und der Indische Weihrauch (*Boswellia serrata*, s. S. 188).

In Ostasien lebten schon früh Menschen: Die in einer Höhle im südchinesischen Chaoxian gefundenen Zähne eines anatomisch modernen Menschen wurden auf ein Alter von 80.000–120.000 Jahren geschätzt. Ostasien war auch ein bedeutendes frühes Zentrum der Pflanzendomestizierung; mehrere Nutzpflanzen wie Reis (*Oryza sativa*), Sojabohne (*Glycine max*), Kolbenhirse (*Setaria italica*) oder Hanf (*Cannabis sativa*) wurden ursprünglich dort kultiviert.

Reis wurde genetischen Studien zufolge erstmals vor 8.200–13.500 Jahren angebaut, und zwar laut archäologischen Daten im chinesischen Jangtsetal. Im japanischen Okinoshima fanden Archäologen Tonscherben mit etwa 10.000 Jahre alten Überresten von Hanf, deren DNA-Untersuchung auf dessen Domestizierung vor ca. 12.000 Jahren in China hindeutet. Die Entwicklung früher landwirtschaftlicher Gemeinschaften in China führte mit der Zeit zur Entstehung städtischer Zentren und bedeutender Dynastien.

China zeichnet sich durch eine jahrtausendealte kontinuierliche Zivilisation aus, die in der vielbändigen Sammlung *24 Dynastiegeschichten* offiziell dokumentiert ist. Darin wird die Geschichte bis zum mythischen Gelben Kaiser zurückverfolgt, der von ca. 2697 bis ca. 2597 v. Chr. regiert haben soll. Auf mindestens diese Zeit wird die traditionelle chinesische Medizin (TCM) datiert; Anhaltspunkt ist ein altes medizinisches Werk, der *Huangdi neijing* (*Der Klassiker des Gelben Kaisers zur Inneren Medizin*), das ihre Grundlagen skizziert. Es wurde wahrscheinlich von mehreren Autoren über mehrere Jahrhunderte hinweg verfasst, und zwar in Form eines Dialogs zwischen dem Gelben Kaiser und seinen Ministern.

Medizinische Verfahren bildeten sich in China mittels Erkenntnissen über die Natur heraus und betonen stets die Aufrechterhaltung des Gleichgewichts. Grundlegend für die TCM ist die Idee des Yin und Yang, die Gegensätze als komplementäre Prinzipien für das Ganze begreift. Andere wichtige Prinzipien sind die Fünf Elemente – Wasser, Feuer, Holz, Metall und Erde – und die sechs Umweltfaktoren, die Disharmonie erzeugen können: Wind, Feuer und Hitze, Kälte, Trockenheit und Feuchtigkeit. Heilkräutern spricht man unterschiedliche Qualitäten und Eigenschaften zu, die auf spezifische Aspekte des Ungleichgewichts eines Patienten einwirken. Das älteste bekannte chinesische Arzneibuch, *Shennong ben cao jing* („Heilkräuterklassiker nach Shennong“) aus dem 1. Jahrhundert v. Chr., ist ein Abriss über 365 aus Pflanzen, Tieren und Mineralien gewonnene Arzneimittel. Zu den darin erwähnten Pflanzen zählt die Indische Lotosblume (*Nelumbo nucifera*, s. S. 196), die in der TCM als eines der vielseitigsten Kräuter gilt, weil jeder ihrer Teile andere Eigenschaften besitzt. Ihre Saat (Lian Zi) z. B. soll den Tonus von Milz, Herz und Nieren kräftigen, indem sie den Geist beruhigt und das Qi (Lebensenergie) stärkt.

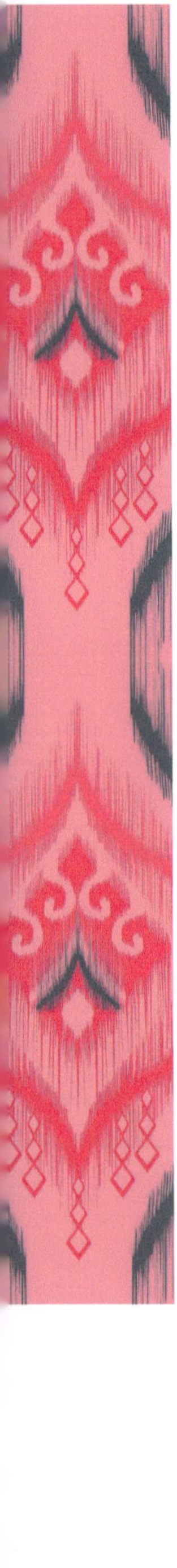

WISSENSCHAFTLICHER NAME:
Azadirachta indica

FAMILIE:
Meliaceae (Mahagonigewächse)

DEUTSCHE TRIVIALNAMEN:
Niembaum; Nimbaum; Neembaum; Niem; Neem; Margosa

ENGLISCHE TRIVIALNAMEN:
bead tree; China berry; holy tree; Indian lilac; pagoda tree; Persian lilac

INDISCHE LOKALE NAMEN:
aajaadarkhtul hind; aaruveppu; acutakimaram; ajani; akaluti; akappalamakkiyacatti; ammapattini; aracankanni; arebevu; arishta; aristakam; arittam; ariveppu; arkapadapa; arkkapatavam; arulaci; arulundi; bakai nimbu; bakam; bakana nimb; bevina; bevu; cakarakam; carutopattiri; chikkabevu; dharek; dinkan; drekh; ghoranim; hingu; kadu bevu; kadunimb; kinji; kosaram; kotaravali; leemado; limba; mahanim; malakai; margosa; nimba; niryasa; turakbevu; vatari; vembu; vepa

NATÜRLICHES VERBREITUNGSGEBIET:
Assam bis Indochina

HABITATE:
tropische Wälder; Savannen; häufig angebaut in den Tropen und Subtropen

LEBENSFORM:
Baum

VERWENDUNGEN:
Medizin; Geburtenkontrolle; Insektizid; Nahrung; Viehfutter; sozial; zeremoniell / rituell; ökologisch; Nutzholz; Kraftstoff

---

NIEMBAUM

Auf dem indischen Subkontinent wird *Azadirachta indica* schon seit Jahrtausenden angebaut, wie Sanskrittexte aus der vedischen Zeit (um 1500–500 v. Chr.) bestätigen, in denen sie als traditionelle Arzneipflanze vorkommt. Fast jeder Teil des Baums – Stamm, Rinde, Wurzeln, Blätter, Blüten, Früchte, Samen und Öl – wird für Kräutermittel genutzt; für die traditionellen südasiatischen medizinischen Denksysteme Ayurveda, Siddha, Unani und Amchi ist die Verwendung von über 700 auf Niem basierenden Kräuterpräparaten dokumentiert. So lautet denn auch ein alter Sanskritname der Pflanze *arishtha* („Krankheitshelfer"), und heute nennt man sie im ländlichen Indien „Dorfapotheke".

Niem ist tatsächlich eine der nützlichsten Pflanzen des indischen Subkontinents mit breitgefächerten Verwendungen, was wahrscheinlich seinen Ruf als göttliches Geschenk der Natur erklärt. Er wird so sehr geschätzt, dass er gern auf traditionellem Agrarland, in Hinterhöfen und Heilkräutergärten angepflanzt wird und so zu einem wichtigen Bestandteil der anthropogenen indischen Ökosysteme geworden ist.

A. indica ist ein schnellwüchsiger immergrüner Baum mit einer Höhe von bis zu 20–25 m, einer dichten Krone und langen Wurzeln. Die Blätter sind gegenständig und gefiedert (mit 3–8 cm langen Blättchen mit ungewöhnlich scharfen, gesägten Rändern zu beiden Seiten des Blattstiels). Die kleinen, weißen, duftenden Blüten stehen in Büscheln. Die Frucht ist glatt, oval bis rund und färbt sich beim Reifen gelb. Jede enthält einen braunen Samen (selten zwei oder drei).

Mit verschiedenen Teilen des Niems werden traditionell zahlreiche Krankheiten behandelt. Das Öl sowie Rinden- und Blätterextrakte werden bei Lepra, Darmwürmern, Atemwegsinfektionen, Verstopfung, Rheumatismus u. v. a. m. verabreicht. Blatt- und Samenextrakte werden bei Hautleiden, wie z. B. Ekzemen, Schuppenflechte und Geschwüren, wie auch Kopfläusen äußerlich eingesetzt. Andere Verwendungen betreffen Krebs, Fieber, Malaria, Diabetes und Sodbrennen. Zur Spermienabtötung und Abtreibung wird Niem ebenfalls genutzt. Die innerliche Anwendung von Niemextrakten ohne professionellen ärztlichen Rat wird aufgrund möglicher Schädigungen nicht empfohlen. In Indien gab es Kindstode und akutes Nierenversagen infolge versehentlicher Vergiftungen durch Niemöl, das gegen Husten und Würmer eingenommen worden war; sogar kleine Dosen können giftig sein.

Wissenschaftlichen Studien zufolge helfen Präparate aus Niemsamenextrakt aber erfreulicherweise effektiv gegen Kopfläuse und deren Nissen. Andere Studien haben antibiotische, antivirale, entzündungshemmende, antioxidative, Antikrebs-, Antischlangengift-, magenschützende und immunmodulatorische Aktivitäten verschiedener Niemextrakte und isolierter chemischer Bestandteile aufgezeigt.

Der Niembaum enthält auch einen starken Antifraßstoff und Wachstumsdisruptor namens Azadirachtin. Indische Bauern kennen die insektentötenden Eigenschaften des Baums seit Jahrtausenden: Sie hängten Niemzweige zum Schutz des Getreides gegen Schädlinge in Kornspeichern auf. Heute wird Niem im Biolandbau verwendet; die Bauern besprühen die Nutzpflanzen mit gemahlenen, in Wasser eingeweichten Niemsamen als natürlichem Pestizid.

Das harte, rote, strapazierfähige Holz ergibt Baumaterial und Möbel und wird wegen seiner insektentötenden Eigenschaften geschätzt. Der Baum wird gern als reichlich vorhandene Quelle für Nutzholz gepflanzt und soll Malaria vorbeugen. Sein Holz wird auch als Brennholz verwendet und zu hochwertiger Kohle verarbeitet. Das Öl lässt sich in Öllampen verbrennen und wird als Mückenschutz genutzt.

Des Weiteren nutzt man den Baum in der Agroforstwirtschaft. Da er dürretolerant ist und lange Wurzeln hat, eignet er sich für die Befestigung von Dünen und die Bekämpfung der Wüstenbildung. Als guter Schattenspender wird er zudem in vielen tropischen Ländern als Straßenbaum gepflanzt. Er verbessert die Bodenquali-

Elefantentor mit Niembaum [Azadirachta indica] in Chittoor, Indien von Marianne North (1830–1890).

tät, und das Neem-Cake genannte Abfallprodukt, das bei der Extraktion des Öls durch Kaltpressen der Frucht und der Samenkörner entsteht, kann als Dünger verwendet werden.

Die jungen Blätter, Triebe und Blüten von *A. indica* werden in Indien und anderswo in Asien als Gemüse gegessen. Obwohl sie als bitter gelten, werden die essbaren Teile der Pflanze gekocht, eingelegt oder in Öl gebraten. Essbar ist auch die reife Frucht; das Fruchtfleisch ist eine Getränkezutat. Das raffinierte Samenöl eignet sich zum Kochen, der Saft für die Herstellung eines fermentierten alkoholischen Getränks und die Blätter als Viehfutter.

Niem wird viel in Seifen, Shampoos und Kosmetika verarbeitet. Ein abgebrochener Zweig ergibt einen natürlichen antiseptischen Zahnstocher, auf dem man zur Reinigung von Zähnen und Gaumen zusätzlich herumkaut.

Außer durch seine unzähligen praktischen Nutzungen zeichnet sich der Niem auch durch spirituelle Bedeutung aus. Er wird insbesondere mit Schutz und Reinigung verknüpft. In Indien z. B. hängt man die Blätter zur Abwehr böser Geister über Türen auf, und Bräute baden in Wasser mit Niemblättern, was ihre Schönheit und Reinheit steigern soll. Neugeborene legt man zum Schutz auf die Blätter. Die getrockneten Blätter werden verbrannt, und der Rauch wird ähnlich wie bei den Räucherzeremonien (*smudging*) der Native Americans zur spirituellen Reinigung in Räumen umhergeschwenkt. Mit dem Baum sind diverse religiöse Zeremonien und Rituale verknüpft; weil er als Wohnstätte der Hindu-Göttin Durga gilt, werden manchmal Opfer vor ihm abgelegt.

Um den Niem ranken sich viele Mythen, denn man hält ihn für göttlichen Ursprungs. Die alten Hindus glaubten, dass dem, der einen Niem pflanzt, der Weg in den Himmel offen stehe. Wegen seiner reichen Kulturgeschichte und seiner vielfältigen praktischen Verwendungen ist er bis heute eine wertvolle Ressource, die auf weitere mögliche Nutzungen hin erforscht wird, besonders in der Medizin und der nachhaltigen Landwirtschaft.

BIOPIRATERIE

1995 erteilte das Europäische Patentamt (EPA) dem US-Landwirtschaftsministerium und dem amerikanischen Chemieunternehmen W. R. Grace and Company ein Patent für ein Niem-Antipilzprodukt für Nahrungspflanzen. Die indische Regierung legte dagegen Einspruch ein mit dem Argument, dass der Niembaum in der traditionellen indischen Landwirtschaft seit über 2.000 Jahren genutzt wird. Im Jahr 2000 entschied die EPA zugunsten Indiens, weil der „Stand der Technik" (*prior art*) dort entwickelt wurde. Dagegen legte wiederum W. R. Grace Berufung ein mit der Begründung, in den USA würden „Vorkenntnisse" nur anerkannt, wenn sie in einer wissenschaftlichen Zeitschrift veröffentlicht, und nicht, wenn sie mittels mündlicher Überlieferung und Volkstraditionen weitergegeben worden seien. Die Berufung wurde abgewiesen, und 2005 – zehn Jahre nach seiner Anfechtung – widerrief die EPA das Niem-Patent.

Um weitere Fälle derartiger „Biopiraterie" zu verhindern, hat die indische Regierung eine Traditional Knowledge Digital Library (TKDL) aufgebaut, einen Wissensspeicher der in traditionellen indischen medizinischen Denksystemen genutzten Heilpflanzen und Rezepturen. Die Datenbank wurde führenden internationalen Patentämtern zur Verfügung gestellt, sodass Patentprüfer nun feststellen können, ob Patentanmeldungen auf traditionellem Wissen beruhen und damit den „Stand der Technik" bilden, was sie rechtsungültig macht.

Niembaum (Azadirachta indica) von Marianne North (1830–1890).

Fasern und Seil aus Niem (*Azadirachta indica*). Kew Economic Botany Collection.

ARCHÄOLOGISCHE FUNDE

In den 1920er-Jahren legten Archäologen die Überreste einer lange in Vergessenheit geratenen Stadt im Industal in der heutigen südpakistanischen Provinz Sindh frei, Mohenjo-Daro. Entstanden um 2500 v. Chr., ist sie eine der ältesten Städte der Welt. Ihre hoch entwickelte Anlage und Technik umfasst einen Rastergrundriss, eine fortschrittliche Wasserversorgung und ein unterirdisches Abwassersystem inklusive steinerner Gullydeckel als Zugängen. Man fand Schädel mit Anzeichen für operative Eingriffe und Tontöpfe mit Überresten von Heilpflanzen, namentlich von *A. indica*. Die Mohenjo-Daro-Stätte liefert den frühesten Nachweis eines gut entwickelten medizinischen Denksystems in einer der ältesten Zivilisationen der Welt inklusive Chirurgie und Pflanzenheilkunde.

WISSENSCHAFTLICHER NAME:
Boswellia serrata

FAMILIE:
Burseraceae (Balsambaumgewächse)

DEUTSCHE TRIVIALNAMEN:
Indischer Weihrauch; Salaibaum; Salphalbaum

ENGLISCHE TRIVIALNAMEN:
Boswellia; Indian olibanum-tree

INDISCHE LOKALE NAMEN:
andaka; anduga; ashvamutri; bahusrava; chilakadi; chittha; dhoopamu; dupa; gugal; guggula; halar; hladini; idabola; jalatiktika; kandur; kapitthaparni; karaka; khapurah; kondagugi tamu; kumbhi; kundara; kundirikkan; kunduru; kungli; kunturukkam; labana; lhadini; lobhan; luban; maddi; madimar; maheruna; mukundam; nagavadhu; pahadidhup; palangam; parangi sambrani; pinniyakkam; rasala; salai; salaran; saledhi; salgai; sallaki; samprani; shaledum; shallaki; tallaki; viseshadhupa; yakshadhupa

NATÜRLICHES VERBREITUNGSGEBIET:
indischer Subkontinent

HABITATE:
tropische Trockenwälder, insbesondere hügelige und bergige Zonen

LEBENSFORM:
Baum

VERWENDUNGEN:
Medizin; Weihrauch; Parfüm; Hautpflege; spirituell / rituell; Zellstoff

---

INDISCHER WEIHRAUCH

B*oswellia serrata* ist eine von mehreren im tropischen Afrika, auf der Arabischen Halbinsel und in Indien heimischen *Boswellia*-Arten, die ein duftendes Harz produzieren. Seit Beginn des Handels mit diesem natürlichen Harz vor mindestens 5.000 Jahren ist es eine wertvolle Ware. Beim Verbrennen entsteht ein duftender Rauch, von dem man glaubte, er reinige die Luft, was böse Geister fernhalte, und erfreue die Gottheiten. Das Harz entwickelte sich zu einem bedeutenden kulturellen Faktor in Zeremonien verschiedener Religionen (etwa der altägyptischen, des Judentums und des Hinduismus) und wurde als Opfergabe und zur Ehrung der Seelen der Lebenden und der Toten verwendet.

Auch die medizinischen Eigenschaften dieser Harze waren schon im Altertum bekannt; sie dienten bei Operationen und bei der Wundheilung als Desinfektionsmittel. Die alten Ägypter benutzten Weihrauch bei der Mumifizierung. Er wird auch mehrmals in der Bibel erwähnt, so z. B. als Geschenk eines der Heiligen Drei Könige an das Jesuskind. Im Altertum war die Hauptquelle für Weihrauch wahrscheinlich *B. papyrifera*, in der Antike *B. sacra* (heimisch in Somalia, Jemen und Oman). Weitere Quellen waren das indische *B. serrata* sowie *B. ameero* und *B. socotrana* von der Insel Sokotra.

In der römisch-katholischen Kirche und den orthodoxen Kirchen spielt die breite Verwendung von *Boswellia*-Harz bei religiösen Zeremonien und in Weihrauchprodukten heute noch eine bedeutende Rolle, was den Herstellern in seinen Herkunftsländern wichtige Einnahmen beschert. Das Harz von *B. serrata* wird auch in hinduistischen und buddhistischen Tempeln als Weihrauch verbrannt.

Weihrauch dient außerdem in der Parfümindustrie als Fixateur – ca. 13 % aller Parfüme sollen Spuren davon enthalten. Außerdem wird er als holziger, orientalischer Duft in diversen Hautpflegeprodukten und Parfümen genutzt. *B. serrata* soll reife Haut verjüngen.

B. serrata ist ein Laubbaum, der in Anpassung an seine trockene Umwelt mehr als vier Monate im Jahr kahl ist, was die Wasserspeicherung verbessert. Er wird bis zu 8–10 m hoch und hat einen zylindrischen Stamm mit rauer, graubrauner Rinde, die in dünnen Schichten abblättert. Die Blätter sind 40–60 cm lang und haben längliche, 2–5 cm lange und 1–2 cm breite Blättchen mit gesägten Rändern, die in gegenständigen Paaren beidseits des Blattstiels angeordnet sind. Die kleinen, weißen bis hellrosa Blüten sitzen in Büscheln am Ende der Äste. Die Frucht ist eine kleine, dreilappige Kapsel mit ein oder zwei Samen darin. Das Harz ist eine milchig weiße Flüssigkeit, die zu unregelmäßig geformten Klümpchen („Tränen“) aushärtet.

In der Antike durften nur speziell dafür bestimmte Familien das Harz ernten. Es galt als göttlich, und nach Plinius d. Ä. (um 23-79) mussten die Erntenden sich dabei „unreiner Handlungen“ (z. B. Geschlechtsverkehr) enthalten.

Die Erntemethoden haben sich seit dem Altertum fast nicht verändert. Man schneidet an Stamm oder Ästen die Rinde ein, sodass das gummiartige Oleoresin (eine Mischung aus ätherischen Ölen, Gummi und Terpenoidverbindungen) austritt, lässt es ausreichend aushärten und sammelt es dann ab. Alternativ kommt ein Spezialwerkzeug mit einem scharfen und einem stumpfen Ende zum Einsatz: Mit dem scharfen wird die Rinde stückweise abgelöst, mit dem stumpfen das Harz entfernt. Um das beste Harz zu ernten, wird die Rinde in der Trockenzeit im Laufe mehrerer Monate mehrmals abgeschabt; die ersten beiden Ernten gelten als weniger hochwertig. Die Unterschiede beruhen vielleicht auf Verbindungen, die sich beim wiederholten Verletzen des Baums bilden.

In der ayurvedischen Medizin werden verschiedene Teile der *B.-serrata*-Pflanze zur Behandlung diverser Beschwerden genutzt, darunter Asthma, Husten, Ruhr, Geschwüre, Schlangenbisse und Hautkrankheiten. Das Harz dient vor allem zur Linderung von Entzündungskrankheiten und Schmerzen.

Derzeit ist *B. serrata* wie andere *Boswellia*-Arten durch Habitatverlust und Raubbau gefährdet. Trotzdem sind sie aktuell nicht durch das Washingtoner Artenschutzübereinkommen geschützt. Außer durch den Raubbau wegen des Oleoresins ist *B. serrata* durch die nicht nachhaltige Ernte zur Zellstoffgewinnung für die Papierindustrie gefährdet. Der Clan der Salaiya im zentralindischen Madhya Pradesh verehrt *salai* (*B. serrata*) traditionell als Totem und trägt so zum Schutz des Baums in dieser Region bei.

PHARMAKOLOGIE

Bei der pharmakologischen Erforschung von Oleoresin wurden als dessen bioaktive Hauptbestandteile Boswelliasäuren und andere Terpenoidverbindungen identifiziert. Diese Säuren hemmen nachweislich entzündungsfördernde Prozesse im Körper. Studien zufolge können Extrakte des Harzes dazu beitragen, Gelenksentzündungen aufgrund rheumatischer Arthritis und Arthrose im Knie zu mindern. Eine Mäusestudie ergab, dass Boswelliasäure Knorpelabbau und Gelenkinnenhautentzündungen bei Arthrose reduziert.

Für Harzextrakte von *B. serrata* sind neuroprotektive, antidiabetische und antioxidative Eigenschaften berichtet worden; außerdem sind sie durchaus vielversprechend für die Behandlung von Asthma, Morbus Crohn und Colitis ulcerosa (eine entzündliche Darmerkrankung). Boswelliasäure hat antibakterielle Eigenschaften, die zur Vorbeugung und Behandlung von Zahnfleischerkrankungen beitragen könnten.

In-vitro-Studien haben Antikrebswirkungen von *B.-serrata*-Extrakten bei diversen Krebserkrankungen gezeigt. In einer trug ein *Boswellia*-Extrakt bei Hirntumoren zur Verringerung von Hirnschwellungen nach der Bestrahlung bei.

WISSENSCHAFTLICHE NAMEN:
Neolitsea cassia (Synonym: *Cinnamomum cassia*)

FAMILIE:
Lauraceae (Lorbeergewächse)

DEUTSCHE TRIVIALNAMEN:
Zimtkassie; Chinesischer Zimtbaum; Kaneel

ENGLISCHE TRIVIALNAMEN:
Chinese cinnamon; Chinese cassia; false cinnamon oswellia; Indian olibanum-tree

INDISCHE NAMEN:
daruchini; gudatvak; ilavankappattai; karuvappattai; kirfa; kukka karpooram; kulit-manis; lavanga pattai; qirfa; sajaz hindi; saleekha; taj; taj qalmi; tezpat; thracham; thwak; tvak; varangam

CHINESISCHE NAMEN:
guizhi (getrocknete Zweige); rougui (Rinde)

NATÜRLICHES VERBREITUNGSGEBIET:
Indien bis Assam; Sri Lanka

HABITATE:
feuchte tropische Wälder; häufig angebaut

LEBENSFORM:
immergrüner Baum

VERWENDUNGEN:
Gewürz; Medizin; ätherisches Öl; Parfüm; Nutzholz

ZIMTKASSIE

Botaniker*innen in Kew zufolge ist *Neolitsea cassia* der gültige wissenschaftliche Name der Zimtkassie. Früher hielt man sie für ein Mitglied der Gattung *Cinnamomum*, zu der 250 Arten gehören, darunter *C. verum*, der in Sri Lanka heimische „echte" Zimtbaum. Als Pflanzen mit „Zimt" im Namen werden üblicherweise mehrere *Cinnamomum*-Arten und *N. cassia* verkauft. Noch verwirrender wird es, weil *Cassia* außerdem die Gattungsbezeichnung von nicht mit der Zimtkassie verwandten Hülsenfrüchten ist und weil sowohl *N. cassia* als auch Arten der Gattung *Cassia* Heilpflanzen sind.

Die Rinde der Zimtkassie duftet und ergibt ein Gewürz, das dem aus *C. verum* gewonnenen Zimt ähnelt, da beide Zimtaldehyd enthalten, das Zimt seinen typischen Geschmack und Duft verleiht. Sie haben jedoch unterschiedliche chemische Eigenschaften: In Zimtkassienrinde ist Kumarin enthalten, in Zimt nicht; und bei Zimt bestehen die ätherischen Öle zu 10 % aus Eugenol, das in Zimtkassie nur in Spurenmengen vorkommt.

In Indien werden auch die getrockneten unreifen Früchte („Zimtblüten" oder „Kassienknospen") gelegentlich als Gewürz verwendet wie einst bei den alten Römern. Man gibt sie im Ganzen in Speisen und als Zutat in Marinaden, Sauerkonserven und Tees. Sie ähneln Gewürznelken, duften nach Zimt und schmecken scharf wie Zimtkassienrinde. In der ältesten erhaltenen chinesischen Pharmakopöe *Shennong ben cao jing* – angeblich aus der Feder von Shennong, einem legendären, als Vater der chinesischen Medizin geltenden chinesischen Kaiser, der vor rund 5.000 Jahren gelebt haben soll – werden sie *kwei* genannt. In Chinas aktueller Pharmakopöe, die alle bekannten Mittel der traditionellen chinesischen Medizin (TCM) mit klinischem Nutzen aufführt, finden sich *guizhi* (getrocknete *N.-cassia*-Zweige) und *rougui* (*N.-cassia*-Rinde).

Obwohl in Assam/Indien und Sri Lanka heimisch, wurde *N. cassia* jahrtausendelang in Südostchina angebaut. Der Erste Kaiser der Qin-Dynastie, Qin Shihuangdi (259–210 v. Chr.), benannte einen Ort in der heutigen Provinz Guangxi, den er 216 v. Chr. einnahm, nach dem dortigen Zimtkassienhain in Kweilin oder Guilin um. Heute stammt ein Großteil der Zimtkassienproduktion aus den südlichen Provinzen Guangdong, Guangxi, Fujian und Hainan sowie Vietnam.

N. cassia ist ein kleiner bis mittelgroßer, bis zu 10–15 m hoher immergrüner Baum im Unterwuchs von Regenwäldern. Meist wird er wegen seiner rötlich braunen Innenrinde angebaut, die durch Entrinden des Stamms und der Äste geerntet wird. Die äußere Rinde (Korkmantel) ist dick, rau und graubraun und wird oft drangelassen. Die glattere Innenrinde wird getrocknet und von beiden Seiten zur Mitte hin zu Stangen aufgerollt, die Schriftrollen ähneln. Gemahlen wird sie oft als Zimt verkauft, in der Regel günstiger als echter Zimt. Die dicken, glänzenden Blätter sind länglich oval, bis zu 10–15 cm lang und anfangs oft rötlich. Die Blüten sind klein, gelblich weiß, haben sechs Kronblätter und sechs Staubblätter und wachsen in Büscheln in den Blattachseln. Die kleinen, runden Früchte sind im unreifen Zustand grün und im reifen schwarz. Sie sitzen in einem becherförmigen, harten, gewellten Kelch (die äußere, von miteinander verwachsenen Kelchblättern gebildete Blütenhülle). Sie sind unterschiedlich groß (Durchmesser: meist etwa 1 cm) und essbar, werden außer als getrocknete unreife „Blüten" oder „Knospen" aber nicht viel verzehrt.

In der traditionellen chinesischen Medizin (TCM) zählt der Chinesische Zimtbaum zu den 50 elementaren Kräutern. Die Rinde wird als wärmendes und stimulierendes Kraut zur Linderung von Menstruationskrämpfen, Verdauungsproblemen und Gelenkschmerzen genutzt und soll die Blutzirkulation und die Immunfunktion verbessern. Heute behandelt man damit auch Nephropathie (Nierenleiden oder -dysfunktion) und Diabetes.

Bei Studien zu den Pflanzeninhaltsstoffen von *N. cassia* wurden über 160 Bestandteile identifiziert, darunter bioaktive Verbindungen wie Terpenoide und Phenylpropanoide, die Gruppe, zu der Zimtaldehyd gehört. Zimtaldehyd ist die in Chinas Arzneibuch aufgeführte Markersubstanz. Die Zimtkassie ist insofern als Antitumormedikament vielversprechend, als Studien zeigen, dass Extrakte daraus verschiedene Krebsarten hemmen. Darüber hinaus sind viele weitere pharmakologische Eigenschaften von *N. cassia* dokumentiert, so z. B. entzündungshemmende, schmerzlindernde, antidiabetische, antibakterielle, antivirale, herzschützende, neuroprotektive und immunregulatorische. Das Vorhandensein von Kumarin (ein Blutverdünner) in *N. cassia* gibt allerdings möglichen Anlass zur Sorge, weil es bei Einnahme in hoher Konzentration Leber- und Nierenschäden hervorrufen kann. Auch Zimtaldehyd und ein anderer Bestandteil der Zimtkassie, Styrol, können in hohen Dosen für den Menschen toxisch sein. Zimtaldehyd hat daher Potenzial als natürliches Insekten- und Pilzbekämpfungsmittel.

GEWÜRZHANDEL

Die Zimtkassie hat eine lange Geschichte als Handelsgut der Seidenstraße und anderer historischer Handelswege, die China mit dem Rest der Welt verbanden. Im Altertum war die Rinde als kostbares Gewürz bei Händlern und Kaufleuten stark nachgefragt. Die Zimtkassie wurde in Ägypten sogar in Balsamierpräparaten für die Mumifizierung verarbeitet und kommt in der Bibel vor.

Auch im arabischen Gewürzhandel, der vom 8. bis 15. Jahrhundert florierte, spielte sie eine wichtige Rolle. Arabische Händler brachten Kassienrinde aus China in den Nahen Osten und nach Europa, wo man sie wegen ihrer kulinarischen und medizinischen Verwendungen schätzte. Der Gewürzhandel trug zur Ausbildung globaler Handelsnetzwerke und so zur Verbreitung wissenschaftlichen und kulturellen Wissens bei.

Im mittelalterlichen Europa waren Gewürze wie die Zimtkassie für diejenigen, die sie sich leisten konnten, nicht nur als exotische Geschmackszutaten in Speisen von großer Bedeutung, sondern auch aufgrund ihrer antimikrobiellen Eigenschaften, die für die Konservierung von Nahrung nutzbar sind – vor der Entwicklung der Kälteerzeugung ein wichtiger Aspekt. Als Luxusprodukte verknüpfte man Gewürze oft mit heiligen Tagen (Feiertagen) und gab sie in Süßigkeiten und andere Festspeisen.

WISSENSCHAFTLICHER NAME:
Nelumbo nucifera

FAMILIE:
Nelumbonaceae (Lotosgewächse)

DEUTSCHER TRIVIALNAME:
Indische Lotosblume

ENGLISCHE TRIVIALNAMEN:
Chinese arrowroot; Chinese water lily; East Indian lotus; Hindu lotus; Indian lotus; Laxmi lotus; Oriental lotus; pink water lily; sacred lotus

INDISCHE NAMEN:
abja; acaiyapattiram; ambal; ambhoruha; ambupadma; ampu; ampuru; arappatumam; aravinda; bemtamara; bhein; calacanam; carokkam; cattalam; centamara; chenthamara; damara; erratamara; indiralaya; iracalam; irampu; irattamantalam; jalacam; kacam; kalhara; kalung; kaluva; kamal; kamal kakdi; kamal kand; kamala; kamalam; kanwal; kanwal kakdi; karkam; kaul; loda; makorpalam; malunti; mirinalam; muntakakkoti; naidile; nala; nalaki; nalikam; nicakaci; nilofer; nirorukam; padma; padmachari; padnakanda; pamposh; pankaja; podum; salaphool; saluka; sarojam; senthamara; shriparna; sitopala; tamara; tavare; thamarai; thamaraipoo; toyacam; vacanam; vantuni; venthamara

CHINESISCHE NAMEN:
he ye; lian xu; lian zi; lianfang; ou jie; shilianzi

NATÜRLICHES VERBREITUNGSGEBIET:
Ukraine bis N-Iran; Ferner Osten Russlands bis tropisches Asien; N- und NO-Australien

HABITATE:
Überschwemmungsgebiete; Seen; Teiche; Sumpfgebiete; Flüsse mit schwacher Strömung

LEBENSFORM:
ausdauernde Wasserpflanze

VERWENDUNGEN:
Nahrung; Medizin; Zierpflanze; spirituell; Faser

INDISCHE LOTOSBLUME

Die schöne Blüte von *Nelumbo nucifera*, der Lotosblume, wurde schon im Altertum verehrt und ist den Hindus wie den Buddhisten heilig. Die Götter und Göttinnen beider Religionen sind symbolisch eng mit der Pflanze verbunden, was auf die Veden (in Sanskrit geschriebene religiöse Texte von 1500–700 v. Chr.) zurückgeht, und es gibt die These, dass die Pflanze bereits in Indiens Vorgeschichte göttlichen Status genoss.

Im Buddhismus ist die Lotosblüte das Sinnbild der Erleuchtung: Der Lotos trägt Buddha, so wie die Blüte die Welt über den chaotischen Wassern des Universums trägt. In den asiatischen Kulturen ist sie heute noch ein Glückssymbol, und während weißblütiger Lotos für Reinheit steht, sollen rote Lotosblüten die weiblichen Genitalien symbolisieren, weswegen die Kurtisanen früherer Zeiten als „roter Lotos“ bezeichnet werden. Der heilige Lotos ist die Nationalblume von Indien und Vietnam.

Aquarell der Indischen Lotosblume (*Nelumbo nucifera*) aus der Sammlung von Nathaniel Bagshaw Ward. Wahrscheinlich wurde es im frühen 19. Jahrhundert von einem chinesischen Akademiekünstler gemalt.

Wie Seerosen (Familie der Seerosengewächse) ist *N. nucifera* eine im Boden wurzelnde Wasserpflanze mit Ausläufern, auf dem Wasser treibenden Blättern und prächtigen Blüten. Lange hielt man beide für eng verwandt, doch heute weiß man, dass ihre Ähnlichkeiten das Ergebnis konvergenter Evolution sind. Sie weisen deutliche morphologische (die äußere Gestalt betreffende) Unterschiede auf. Dazu gehört der verkehrt kegelförmige Köpfchenboden im Zentrum der Lotosblüte, auf dem zahlreiche freie Fruchtblätter sitzen. Pflanzengenetischer Forschung zufolge sind Platanen (*Platanus*-Arten in der Familie der Platanengewächse) und Mitglieder der Familie der Proteen (Silberbaumgewächse) die engsten lebenden Verwandten der *Nelumbo*-Arten. Fossilien zeigen, dass die Familie der Lotosgewächse früher weitaus vielfältiger war und mindestens vier weitere Gattungen einschloss. *Nelumbo* und *Platanus* gelten beide als „lebende Fossilien".

N. nucifera ist auch nicht mit Pflanzen der Gattung *Lotus* zu verwechseln, die zur Familie der Hülsenfrüchtler (Fabaceae) gehört.

Die Lotosblüten sitzen an dicken Stielen, die die Blätter um mehrere Zentimeter überragen. Sie können ihren Wärmegrad selbst regulieren dank ihres verkehrt kegelförmigen Köpfchenbodens, der die angenehme Temperatur von 30–36° C hält, während die Außentemperatur zwischen 10 und 45° C schwankt. Es wird vermutet, dass die Blüte, wenn sie sich nachts schließt, Bestäubern einen warmen Schutzraum bietet. Die Blattstiele sind je nach Wassertiefe bis zu 2 m lang. Die schildförmige Blattspreite kann einen Durchmesser von bis zu 80 cm erreichen, und die großen, duftenden, schalenförmigen, in der Regel weißen oder rosa Blüten haben Durchmesser von u. U. bis zu 30 cm. Manche Kultursorten zeichnen sich durch eine unglaubliche Zahl von Kronblättern aus; die japanische Sorte „Omi Myoren" hat 2.000–5.000 pro Blüte.

Durch die wasserabweisende wachsartige Oberfläche ihrer Blätter und Blüten ist *N. nucifera* bestens an ihre aquatische Umgebung angepasst. Gut angepasst sind auch die Samen, die trocknen, ohne ihre Entwicklungsfähigkeit einzubüßen, und zudem von überragender Langlebigkeit sind. So wurden über tausend Jahre alte Lotossamen, die man in einem trockenen Seebett in Nordostchina gefunden hatte, erfolgreich zur Keimung gebracht.

In verschiedenen asiatischen Küchen ist die Lotospflanze eine beliebte Zutat; in China, von wo heute über 70 % der gesamten Lotosproduktion stammen, wird sie seit mindestens 3.000 Jahren angebaut. Die Samen werden zu einem Brei verarbeitet, der eine Zutat diverser Süßspeisen bildet, z. B. des Mondkuchens, eines traditionellen chinesischen Gebäcks, das beim Mittherbst- oder Mondfest gegessen wird. Die Rhizome finden viel in Suppen, Eintöpfen und Pfannengerichten Verwendung und werden außerdem kandiert oder in Essig eingelegt. Die Blütenstiele und Blätter werden als

Gemüse verzehrt, die Blütenkronblätter als Garnierung und in Tees genutzt. Aus den getrockneten Staubblättern lässt sich ein duftender Tee machen, und in die großen Blätter wickelt man Reis oder andere Speisen ein.

Im traditionellen chinesischen (TCM), im ayurvedischen und in anderen asiatischen medizinischen Denksystemen – allesamt ganzheitliche Verfahren – werden mit verschiedenen Teilen der Lotospflanze Entzündungen, Krebs, Hautkrankheiten, Erkrankungen des Nervensystems, Blutungen, Durchfall und Vergiftungen behandelt. Die Samen werden als herzstärkendes Mittel genutzt. Aus der Pflanze wurden viele bioaktive Verbindungen isoliert, darunter Flavonoide, Alkaloide, Lipide, Glykoside, Triterpenoide, Polysaccharide und Vitamine. Deren pharmakologische Wirkungen

Links: Indische Lotosblume (*Nelumbo nucifera*), aus: *New Illustration of the Sexual System of Carolus von Linnaeus and The temple of Flora, or Garden of Nature* (1807) von Robert John Thornton.

Oben: Kette aus Samen der Indischen Lotosblume (*Nelumbo nucifera*) aus Varanasi (früher Benares), Indien, 1851 als Schenkung nach Kew gelangt. Kew Economic Botany Collection.

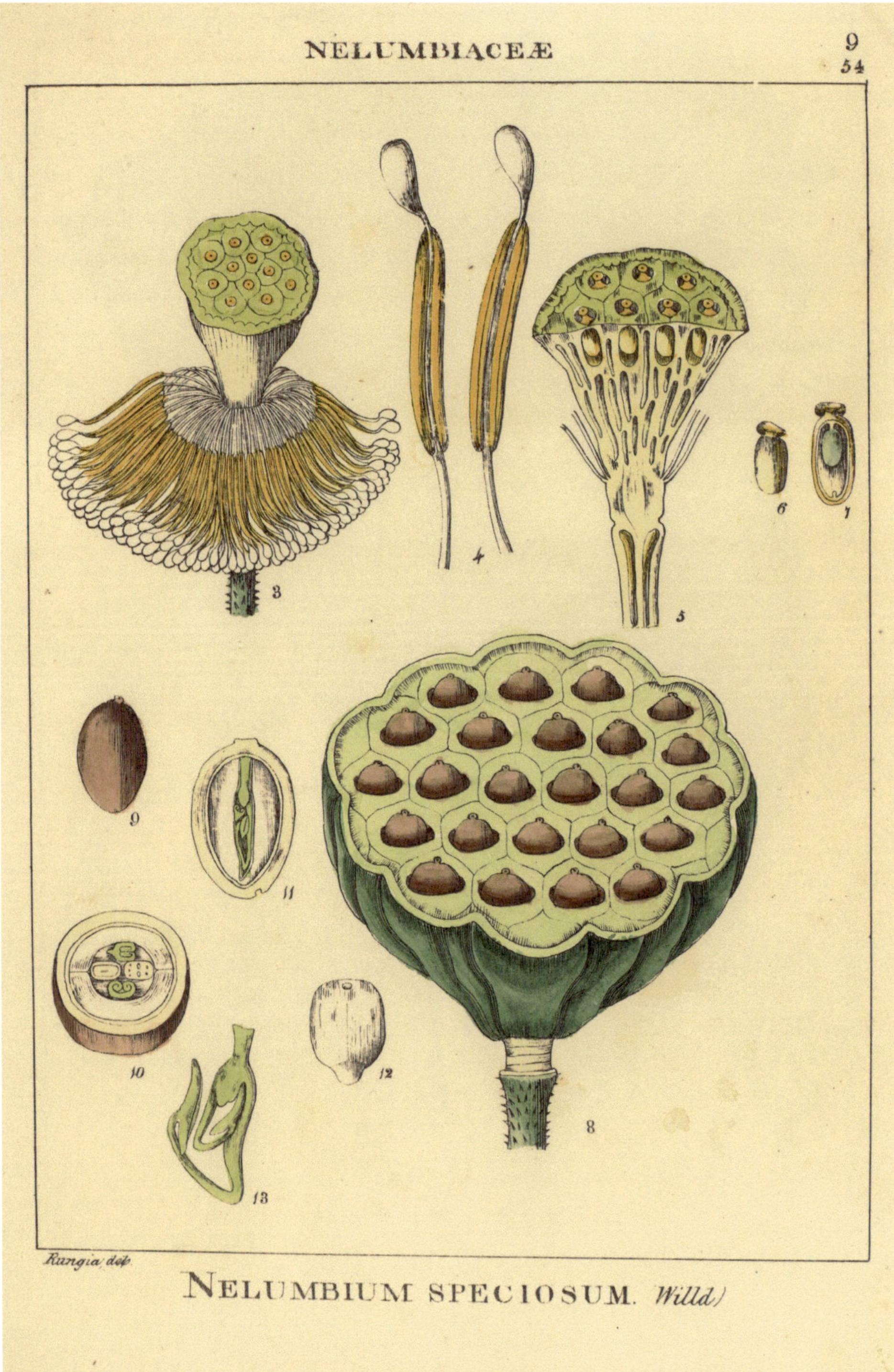

Indische Lotosblume (*Nelumbo nucifera*), aus:
Illustrations of Indian Botany, Bd. 1 (1840), von Robert Wight.

konnten in zahlreichen wissenschaftlichen Studien nachgewiesen werden, was die traditionellen medizinischen Verwendungen der Lotospflanzenteile stützt.

In Myanmar und Kambodscha wird aus den Stängelfasern der Lotosblume ein Stoff namens Lotosseide gefertigt, eines der teuersten Gewebe der Welt.

N. nucifera ist eine beliebte Zierpflanze und hat auch Potenzial für die Wassersanierung, weil sie Wasser Schwermetalle und andere Schadstoffe zu entziehen und Eutrophierung (der Prozess, bei dem Nährstoffüberschüsse, vor allem von Stickstoff und Phosphor, in Gewässern zu Algenblüte führen) entgegenzuwirken vermag.

SOMA

Spannend ist die These, dass es sich beim mysteriösen Soma, einer psychotropen Substanz, die von den alten arischen Völkern verwendet wurde und in den Veden als ein mit religiösen Ritualen und Zeremonien verknüpftes himmlisches Getränk vorkommt, um *N. nucifera* handelt. Man glaubte, Soma sei für die Erschaffung des Lebens und die Lenkung der Naturkräfte zuständig, und trank es, um spirituelle Erleuchtung zu erlangen. In vielen Hymnen des Rigveda (eine der ältesten und heiligsten Veden) ist es zugleich ein alkoholisches Getränk und ein Gott. Darin wird beschrieben, wie Somatrinker „den Saft aus der Pflanze quetschen", und erwähnt, dass er mit Milch gemischt wird. Seit Langem debattieren und spekulieren Ethnobotaniker*innen darüber, um welche Pflanze es sich bei Soma handeln kann, und streiten sich vedische Gelehrte über die genaue Übersetzung der Texte. Belege für die Identifizierung von *N. nucifera* als Soma liefern Analysen der Pflanzeninhaltsstoffe, die verschiedene psychoaktive Verbindungen aufgedeckt haben, darunter Alkaloide wie Aporphin, Neferin und Nuciferin, die strukturell den Opiat-Alkaloiden ähneln, die in der Familie der Mohngewächse vorkommen. Aporphin löst diverse physiologische Wirkungen wie z. B. Euphorie aus, Neferin wirkt nachweislich beruhigend.

WISSENSCHAFTLICHE NAMEN:
Ocimum tenuiflorum
(Synonym: *O. sanctum*)

FAMILIE:
Lamiaceae (Lippenblütler)

DEUTSCHE TRIVIALNAMEN:
Indisches Basilikum; Tulsi; Tulasi; Königsbasilikum; Heiliges Basilikum; Kleines Basilikum

ENGLISCHE TRIVIALNAMEN:
monk's basil; sacred balm; sacred basil

INDISCHE NAMEN:
alankai; amrita; apanati; ari; badrooj; bahumaniri; baranda; Bharati; brinda; cantari; curanca; cuvi; divya; Haripriya; Indra; kaala thulasi; kapattam; kari tulasi; kirusna; Krishna tulsi; Laxmi; Madhavi; manjari; nakamati; nalla tulasi; pancam; pavani; pirundam; Punya; putakkini; raihan; Shiva-tulasi; Shri thulasi; thiru theezai; Tivra; tulasi; tulsi; Vaishnavi; vanam; varanda; Vishnu tulasi

NATÜRLICHES VERBREITUNGSGEBIET:
tropisches und subtropisches Asien bis W-Pazifik

HABITATE:
tropische Trockenwälder; Auflichtungen; Brachen; von Meeresspiegel bis 1.200 m Höhe; häufig angebaut

LEBENSFORM:
kurzlebige Staude oder kurzlebiger Halbstrauch

VERWENDUNGEN:
Medizin; Nahrung; Kosmetik; spirituell / rituell

INDISCHES BASILIKUM

Das Indische Basilikum, *Ocimum tenuiflorum*, auch bekannt unter seinen aus dem Sanskrit abgeleiteten Namen Tulsi und Tulasi, ist für seine angeblich die Lebenskraft steigernden und verjüngenden Eigenschaften bekannt. Es wird viel angebaut und hat sich in tropischen Regionen außerhalb seines natürlichen Verbreitungsgebiets eingebürgert. In Asien, Afrika und dem Nahen Osten wird es seit Hunderten von Jahren in Küche, Kräutermedizin, Kosmetik und religiösen Zeremonien verwendet. Im Zuge von Migrationen nahmen südasiatische Diasporagruppen die Pflanze in ihre jeweilige neue Heimat mit, so auch nach England, wo viele Menschen mit hinduistischem Hintergrund Tulsi ziehen. Der Trivialname Heiliges Basilikum und einer ihrer anderen wissenschaftlichen Namen, *O. sanctum*, benennen ihre spirituelle Bedeutung. Aufgrund ihrer Verbindung mit dem Heiligen werden ihre verholzten Stängel zu Gebetskettenperlen verarbeitet.

O. tenuiflorum kann ein paar Jahre als kurzlebige Staude gedeihen, die sich zu einem buschigen, bis zu 1 m hohen Strauch entwickelt, wird in der Regel aber als einjährige Pflanze gezogen. Seine kantigen Stängel sind behaart und mit gegenständigen Blättern besetzt, die farblich je nach Sorte zwischen Grün und Lila variieren. Mehrere Zuchtsorten haben rosa, violette oder weiße, duftende Blüten. Die Pflanze ist für ihren scharfen, süßen, nelkenartigen Geschmack bekannt. *O. tenuiflorum* ist eng mit dem Küchenkraut Basilikum (*O. basilicum*) verwandt, im Gegensatz zu diesem aber eine kurzlebige Staude mit stärker behaarten Stängeln und kleineren Blüten.

Das Indische Basilikum ist eine wichtige Medizinpflanze, die in mehreren traditionellen medizinischen Denksystemen genutzt wird, etwa Ayurveda, Siddha und Unani. Im alten religiösen Sanskrittext Rigveda, der von etwa 1500 v. Chr. stammt, kommt Tulsi als eine von mehreren Hauptsäulen der Kräutermedizin vor.

Tulsi gilt als besonders wirkungsvolles Kraut, weil damit ein breites Spektrum von Erkrankungen behandelt wird, darunter Hautkrankheiten und Erkrankungen des Kardiovaskulär-, Endokrin-, Atem- und zentralen Nervensystems. Zu den traditionellen medizinischen Verwendungen des Krauts zählen die Stress- und Angstbekämpfung, die Behandlung von Durchfall und Übelkeit sowie von Atemwegserkrankungen, wie z. B. Husten, Bronchitis, Halsschmerzen und Asthma. Die frischen Blätter werden zwecks Mundhygiene mit *misri* (kristallisierter Zucker) gekaut. Das ätherische Öl in den Blättern enthält das als Antiseptikum und Atemerfrischer altbekannte Eugenol.

Des Weiteren werden Diabetes, Augenkrankheiten (Bindehautentzündung, grauer und grüner Star), Fieber, Malaria und Schlangenbisse damit behandelt. Das ätherische Öl wird als Mückenschutz und bei Insektenstichen genutzt.

Mehreren Studien zufolge hat das Indische Basilikum antibakterielle, Antipilz-, antivirale, entzündungshemmende, antidiabetische, Antikrebs-, schmerzlindernde, verhütende, adaptogene (Anpassung des Körpers an diverse Stressfaktoren und Förderung der Selbstregulierung oder des Gleichgewichts) sowie herz- und leberschützende Eigenschaften. In klinischen Studien hat es sich als vielversprechend für die Linderung von Leberfunktionsstörungen erwiesen, und Äthanolextrakte daraus werden bei der Heilung von Magengeschwüren verwendet. Erforscht wird auch seine potenzielle Verwendung als Chemotherapiemittel bei Mundkrebs und gegen das neuartige SARS-CoV-2-Coronavirus.

Die frischen oder getrockneten Blätter werden traditionell als Tee verabreicht oder beim Kochen verwendet. Mit einem Aufguss aus den frischen Blüten werden Atemwegsinfekte behandelt. Bei Hauterkrankungen wird ein Aufguss aus dem Kraut äußerlich aufgebracht. Es gibt auch diverse Fertigarzneimittel mit Indischem Basilikum, wie Kapseln, Salben gegen Ekzeme, Shampoos, Seifen, Tees und Tonika.

Indisches Basilikum (*Ocimum tenuiflorum*), aus:
Phytanthoza iconographia, Bd. 3 (1742), von Johann Wilhelm Weinmann.

Kette mit Perlen aus Wurzeln u. a. des Indischen Basilikums (*Ocimum tenuiflorum*), Indien. Kew Economic Botany Collection.

Auch als natürliches Pilz- und Schädlingsbekämpfungsmittel ist *O. tenuiflorum* vielversprechend: Ein Blätterextrakt kann die Ausbreitung von Pilzerregern hemmen, etwa von *Pyricularia oryzae* und *Rhizoctonia solani*, die bei Reis Blattbräune und Blattscheidendürre verursachen. Extrakte der Pflanzen haben sich auch als effektives Abschreckungsmittel gegen die Larven des Wurzelgallenälchens (*Meloidogyne incognita*) erwiesen, eines der ökonomisch relevantesten pflanzenparasitischen Fadenwürmer, das über 3.000 Pflanzenarten befällt, darunter das Hauptgetreide Maniok.

DAS HEILIGE BASILIKUM IM HINDUISMUS

Als Inkarnation der hinduistischen Göttin Lakshmi ist Tulsi auf dem indischen Subkontinent auch eine der heiligsten Pflanzen. Auf hinduistische Gottheiten beziehen sich denn auch mehrere lokale indische Namen der Pflanze, wie z. B. *Krishna-tulsi* und *Shri-*, *Laxmi-* oder *Shiva-tulasi*. In den heiligen Texten des Hinduismus kommt sie in zwei Hauptformen oder -sorten vor: als *raam* (*Shri*) *tulasi* mit grünen Blättern; und als *shyam* (*Krishna*) *tulsi* mit dunkelgrünen oder violetten Blättern und Stängeln. *Shri* ist ein Synonym für Lakshmi, die Gattin Vishnus (ein Hauptgott). Die violette Sorte ist speziell Krishna geweiht (eine hervorgehobene Inkarnation Vishnus), weil sie mit seinem dunklen Teint korrespondiert.

Früher wurde das Heilige Basilikum in den Höfen hinduistischer Tempel und Festungen als reinigende Pflanze gezogen, wodurch ihre religiöse Verwendung mit ihren medizinischen Eigenschaften verwoben wurde. Es heißt, es sei von *sattva* (Güte, Harmonie und Heiterkeit) erfüllt, das das Herz empfänglich mache für Liebe und Andacht. Sein Sanskritname bedeutet so viel wie „das Einzigartige“.

Seit Tausenden von Jahren und bis heute wird die Pflanze in vielen indischen Haushalten gezogen, verehrt und beim täglichen *puja* (Gebet) als Opfergabe verwendet. Sie zu Hause anzubauen soll Glück und Wohlstand bringen. Sie spielt auch beim jährlichen Hindufest Tulsi Vivah eine wichtige Rolle, bei dem sie wie eine Braut mit bunten Kleidern, Schmuck und Blumen ausstaffiert und symbolisch mit Vishnu getraut wird. Tulsi kommt auch auf Sterbebetten zum Einsatz: Es wird Sterbenden auf den Körper gelegt, um ihre Seelen zu reinigen und den Kreislauf von Tod und Wiedergeburt zu durchbrechen.

WISSENSCHAFTLICHE NAMEN:
Withania somnifera (Synonym: *Physalis somnifera*)

FAMILIE:
Solanaceae (Nachtschattengewächse)

DEUTSCHE TRIVIALNAMEN:
Schlafbeere; Winterkirsche; Indischer Ginseng; Ashwagandha (Nahrungsergänzungsmittel)

ENGLISCHE TRIVIALNAMEN:
Indian ginseng; poisonous gooseberry; winter cherry

INDISCHE NAMEN:
asgand (Urdu); asgandh (Hindi); ashwagandha (Sanskrit); punir (Hindi)

NATÜRLICHES VERBREITUNGSGEBIET:
S-Europa bis Zentralchina; Afrika bis Myanmar

HABITATE:
subtropische offene Wälder; Auenwälder; Störungszonen; Straßenränder; Kulturlandschaften; Grasland

LEBENSFORM:
mehrjähriger Strauch, Halbstrauch oder Kraut mit verholztem Wurzelstock

VERWENDUNGEN:
Medizin; vegetarisches Lab; Seife; Insektenmittel

SCHLAFBEERE

W*ithania somnifera* ist eine der wichtigsten Pflanzen der traditionellen medizinischen Denksysteme Asiens und Bestandteil von über 200 Ayurveda-, Siddha- und Unani-Rezepturen. Ihr Sanskritname Ashwagandha setzt sich aus den Wörtern *ashwa* (Pferd) und *gandha* (Duft) zusammen und bezieht sich auf den Geruch ihrer Wurzel, des medizinisch vorrangig genutzten Teils der Pflanze. Ihr Verzehr soll zudem die Kräfte eines Pferds verleihen.

W. somnifera gedeiht in den heißeren und trockeneren Regionen Indiens, auch im Himalaya auf bis zu 1.500 m Höhe. Sie ist ökonomisch wichtig und wird als medizinische Nutzpflanze in mehreren Regionen Indiens angebaut, z. B. in Madhya Pradesh, Gujarat, Punjab, Rajasthan und Uttar Pradesh. Nach der Ernte der Wurzeln im Spätherbst oder Winter werden sie gewaschen und in kurze Stücke geschnitten.

Die Schlafbeere wird in Indien seit mindestens 5.000 Jahren medizinisch genutzt und kommt in den Veden vor, dem ältesten Textkorpus religiöser Sanskrittexte des alten Indien, aus dem die ayurvedische Medizin hervorging. In ihr gilt Ashwagandha als eines der bedeutenden Rasayana-Kräuter, die die Fähigkeit des Körpers, auf Stress zu reagieren, erhöhen und verjüngend wirken.

W. somnifera ist ein Kraut oder Halbstrauch, bis zu 2 m hoch, aufrecht, oft buschig, manchmal in die Breite gehend, mit in der Regel mehreren bis vielen behaarten Stängeln, die einem verholzten Wurzelstock entsprießen. Die Blattspreiten sind oval bis länglich, 3–10 cm lang und 1,5–7 cm breit, mit ganzrandigen oder fast ganzrandigen

Rändern (d. h. mit glatten, durchgehenden Rändern ohne Zähne oder Lappen), oben feinen und unten dichten Haaren. Der Blattstiel ist 0,5–2 cm lang. Die kleinen, grünlich gelben, glockenförmigen Blüten wachsen überwiegend in achselständigen Büscheln à 3–6. Sie entwickeln sich zu glänzenden, kleinen, runden, fleischigen Beeren, die erst grün, dann gelb und im reifen Zustand rot sind. Die so unverwechselbar nach nassem Pferd riechende Wurzel ist kurz, dick und zylindrisch, bis zu 25 cm lang und 1–2 cm dick. Ihre Rinde ist gräulich braun, ihre Innenseite weißlich gelb. *W. somnifera* ist an trockene und halbtrockene Umweltbedingungen angepasst und robust; sie verträgt Trockenheit und Hitze.

Die Schlafbeere wird im Ayurveda traditionell sehr vielseitig verwendet, am bekanntesten ist sie aber als Adaptogen, das eine ähnliche Rolle spielt wie Ginseng in der traditionellen chinesischen Medizin (TCM): Es hilft dem Körper, mit Stress umzugehen, und beruhigt. Es soll Gesundheit und Langlebigkeit fördern, den Alterungsprozess aufhalten und Gedächtnis und Wahrnehmung verbessern. Außerdem wird es als Aphrodisiakum, zur Steigerung der sexuellen Funktion, zur Erhöhung sportlicher Leistung und zur Verringerung von Angst genutzt, also zur Hebung des Wohlbefindens insgesamt.

Die Wurzeln sind auch für ihre entzündungshemmenden und antibiotischen Eigenschaften bekannt. Äußerlich nimmt man sie für Umschläge bei Furunkeln, Geschwülsten und Wunden; eine Salbe aus den Blättern trägt man auf Wunden, Geschwüre und Liegegeschwüre auf. Schlafbeere wird auch gegen Schlangengift und Skorpionstiche sowie zur Entfernung weißer Flecken auf der Augenhornhaut verschrieben. Außerdem werden damit Darmwürmer, Blähungen, Koliken, Verstopfung, Hämorrhoiden, Rheumatismus, Schlafstörungen und Nervenzusammenbrüche behandelt.

Bei innerlicher Anwendung gilt die Wurzel als kräftigend, beruhigend und betäubend, Berichten zufolge wohl auch mit dem Risiko der Abhängigkeit. Andere Pflanzenteile sind bei Einnahme giftig, insbesondere die Blätter und die Wurzelrinde, die als Abtreibungsmittel verwendet werden.

Analysen ihrer Pflanzeninhaltsstoffe zufolge hat *W. somnifera* viele bioaktive Bestandteile mit pharmakologischen Wirkungen, insbesondere diverse Alkaloide, Steroidlaktone (Withanolide, Withaferine) und Saponine. Je nach geografischer Region, in der sie wächst, lassen sich mehrere Chemotypen (Untergruppen der Art je nach chemischem Profil) von *W. somnifera* unterscheiden, die in der Zusammensetzung der Pflanzeninhaltsstoffe differieren.

Mehrere Studien untermauern die traditionellen Verwendungen der Schlafbeere. Sie erhöht die Abwehrkräfte gegen Krankheiten, indem sie die zellvermittelte Immunität verstärkt, und trägt als wirksames Antioxidans zum Schutz gegen von freien Radikalen verursachte Zellschäden bei. Es wurde beobachtet, dass Wurzelextrakte Herz und Leber vor Krankheiten schützen. Studien zufolge weisen Sitoindoside, eine Gruppe von aus den Wurzeln extrahierten Glykosiden, signifikante antidepressive und angstlösende Eigenschaften auf. Klinische Daten zeigen, dass Wurzelextrakte der Schlafbeere auch als Begleittherapie vielversprechend sind; sie können während der Chemotherapiebehandlung gegen Krebs die Fatigue mindern.

Da die Samen der Schlafbeere Pflanzenmilch zum Stocken bringen, wird sie zudem bei der Herstellung von vegetarischem Käse eingesetzt. In der Frucht enthaltene Saponine eignen sich als Seifenersatz und die Blätter als Insektenmittel.

AYURVEDISCHE MEDIZIN

Ein grundlegendes Konzept des Ayurveda ist die Tridoshalehre, derzufolge der menschliche Körper aus drei Doshas oder Lebensenergien besteht, die physisch und emotional die Körperfunktionen regeln: Vata, Pitta und Kapha.

Vata wird im Wesentlichen mit Luft und Bewegung verbunden und ist für Funktionen wie Atmung, Herzschlag und Muskelkontraktionen zuständig. Pitta wird mit den Elementen Feuer und Wasser verknüpft und ist für Stoffwechsel, Verdauung, Nahrungsaufnahme und Temperaturregulierung verantwortlich. Und das mit Wasser und Erde verbundene Kapha ist für Körperbau, Gelenke, Körperflüssigkeiten und die Immunfunktion da. Das Gleichgewicht der drei Doshas ist ausschlaggebend für die Gesundheit; jedes Ungleichgewicht führt zu physischen und psychischen Problemen.

Als Adaptogen wird Schlafbeere zur Erhaltung des Gleichgewichts der drei Doshas genutzt, insbesondere eignet sie sich jedoch zur Senkung übermäßigen Vatas. Zu viel Vata kann sich in Angst, Nervosität und Unruhe zeigen, die Schlafbeere durch ihre beruhigende Wirkung lindert. Man sagt ihr auch einen Nähreffekt aufs Körpergewebe nach, was Menschen mit Kapha-Ungleichgewicht hilft, das sich in Lustlosigkeit und Lethargie äußern kann.

6

AUSTRALIEN & OZEANIEN

Zu Ozeanien gehören Australasien, Melanesien, Mikronesien und Polynesien mit Australien als der größten Landmasse. Von Afrika abgesehen gelten die australischen Aboriginesvölker als älteste menschliche Population mit einer der längsten kontinuierlichen Kulturen unseres Planeten. Archäologische Funde aus der Felsnische Madjedbebe in Kakadu im Northern Territory lassen vermuten, dass die menschliche Besiedlung dort vor rund 65.000 Jahren einsetzte, und eine genetische Studie australischer Aborigines ergab, dass alle einen gemeinsamen Vorfahren einer bestimmten Population haben, die vor 50.000 Jahren das Festland erreichte. Vermutlich wanderten die First Peoples mehrere Tausend Jahre vorher von Afrika nach Asien und mit Booten weiter nach Australien.

Die Untersuchung von Makrofossilien und Artefaktresten in Madjedbebe ergab, dass die First Peoples Brennholz und diverse Pflanzennahrung des lokalen Eukalyptus- und Monsun-Lianen-Gestrüppwalds nutzten. An derselben Stätte wurde auch der älteste australische (und vielleicht weltweite) Nachweis für das Mahlen von Samen und die Farbstoffverarbeitung entdeckt, außerdem die ältesten Beile mit geschliffenen Schneiden der Welt. Die Mahlsteine belegen, dass verschiedene Pflanzen zu Nahrung zerkleinert wurden, und in den dortigen Feuerstellen gefundene verbrannte Stücke von *Pandanus*-Nüssen, Früchten, Samen und Yams zeugen von den ältesten in der Region konsumierten pflanzlichen Nahrungsmitteln. Manche davon stehen noch immer auf dem Speiseplan nordaustralischer Aboriginesvölker.

Die Aboriginesvölker betrachten die physische Welt als Verkörperung heiliger spiritueller Realitäten. In ganz Australien bieten Traumzeit-Geschichten der Aborigines ein Narrativ über die Erschaffung der Welt, wie sie sie verstehen und interpretieren. Diese Geschichten erzählen von einer Zeit, als die Erde von totemistischen Ahnenwesen bevölkert war, die mit Gesängen die heute existierenden Landschaften, Pflanzen und Tiere sowie bedeutende heilige Stätten (*story places*), das Aboriginesrecht und totemistische Verbindungen ins Leben riefen. Neben den Traumzeit-Geschichten sind auch einige der mündlich überlieferten, von Generation zu Generation weitergegebenen Aboriginestraditionen Tausende Jahre alt und berichten von wichtigen geologischen und ökologischen Veränderungen in Australien, wie Vulkanausbrüchen, Meeresspiegelanstiegen, Überschwemmungen und der zentralaustralischen Wüstenbildung. So spielt z. B. der Vulkan Budj Bim im südwestlichen Victoria eine wichtige Rolle in der mündlichen Überlieferung der dortigen Gunditjmara. Laut einer kürzlichen Datierung brach er zuletzt vor 36.900 Jahren aus, was darauf schließen lässt, dass diese mündliche Überlieferung zu den ältesten überhaupt zählt.

Als Kapitän Cook 1770 an der australischen Ostküste entlangsegelte, existierten in Australien Hunderte verschiedene Aboriginesgemeinschaften und -kulturen. Begegnungen mit Aborigines zum Trotz wurde das Land zum Territorium der britischen Krone erklärt. Die erste Strafkolonie wurde 1788 in New South Wales auf einem Gebiet eingerichtet, das die Krone als „Terra Nullius“ (Niemandsland) ansah. Die Rechtsfiktion der Terra Nullius wurde 1992 im Zuge des Mabo-Falls, in dem das höchste Gericht Australiens erstmals offiziell Landrechte der Aborigines anerkannte, endlich aufgehoben. Die Europäer des 18. Jahrhunderts betrachteten Australien als unkultivierte Wildnis und begriffen nicht, dass sie bewirtschaftete Kulturlandschaften vor sich hatten. Um sich mit Nahrung und anderen Ressourcen zu versorgen und um Territorien abzugrenzen, hatten Aboriginesgruppen ihre Umwelt jahrtausendelang aktiv gepflegt, beeinflusst und verändert. Traditionelle Landbewirtschaftungsmethoden, insbesondere der Einsatz von Feuer zu Beginn der Trockenzeit, befördern das Wachstum frischer Triebe, die pflanzenfressende Beutetiere anlocken, und verringern das Risiko zerstörerischer Flächenbrände später im Jahr.

Die Auswirkungen der Kolonisierung samt Genozidvergehen und der Einschleppung von Krankheiten, gegen die die Aborigines nicht ausreichend immun waren, hatten für die jahrtausendealten traditionellen Lebensweisen enorme Brüche zur Folge. Die frühere Regierungspolitik der Segregation (insbesondere durch Befördern von Menschen zu Missionen) und Assimilation, darunter die Zwangstrennung von Kindern von ihren Familien („Gestohlene Generationen"), führte zu einem Verlust von Sprachen, traditionellen Kenntnissen und Techniken. Von den über 250 indigenen Sprachen, die 1788 gesprochen wurden, werden heute nur noch etwa 120 gesprochen, und von ihnen sind 90 % gefährdet. Doch trotz des Bruchs ihrer mündlich überlieferten Traditionen und Weisheit halten Tausende Aborigines ihre Kultur hoch, indem sie ihre traditionellen Sprachen sprechen und das herkömmliche Wissen und Liedgut bewahren. In Tasmanien beleben die Palawa ihre verlorenen Sprachen neu, indem sie aus deren Überresten einen einzigen Dialekt, Palawa Kani, entwickelt haben. Und bestimmte indigene Gemeinschaften, besonders in entlegenen Gegenden, nutzen viele Pflanzen nach wie vor als Buschmedizin oder -nahrung.

Die Polynesier stammen von austronesischsprachigen Seefahrern ab, die ihre sprachlichen Ursprünge in Taiwan verorten. Sie gelangten auf ihrer Migrationsroute über die südostasiatischen Inseln über den Pazifik vor ca. 3.500 Jahren zuerst auf die westpazifischen Inseln Fidschi, Tonga und Samoa, um dann spektakuläre Seefahrten zu weiter östlich im unermesslichen Ozean gelegenen Inseln zu unternehmen. Vermutlich segelten Familiengruppen à 30–200 Personen in doppelwandigen oder Auslegerkanus übers offene Meer, um nach und nach die polynesischen Inselgruppen zu besiedeln. DNA-Spuren sprechen dafür, dass die Seefahrer um 830 von Samoa nach Rarotonga auf den Cookinseln fuhren, im 11. Jahrhundert weiter zu den Gesellschaftsinseln (Tōtaiete mā), im 12. Jahrhundert zu den westlichen Australinseln (Tuha'a Pae) und dem Tuāmotu-Archipel und um 1200 schließlich zur Osterinsel (Rapa Nui), der östlichsten polynesischen Insel.

Auf den Pazifikinseln galt das Interesse der frühen Siedler den Küstenstrichen, wo die meisten nutzbaren Pflanzen wuchsen. Diese wurden vielfältig verwendet, etwa als Nahrung, Medizin, Kleidung, Baumaterial, Werkzeuge für den Bootsbau, Farbstoffe und Parfüme. Vor allem von diesen Pflanzen hingen das Leben und Überleben der Pazifikinsulaner ab. Ihre gründlichen Kenntnisse über sie ermöglichten ihnen die Steuerung der Ernte und der Verwendung der Feldfrüchte auf der Basis relativ nachhaltigen Wirtschaftens. Mehrere Pflanzen nahmen sie auf ihre Kanureisen mit, um sie auf weiteren Inseln einzuführen.

WISSENSCHAFTLICHE NAMEN:
Eremophila alternifolia; und andere *Eremophila*-Arten

FAMILIE:
Scrophulariaceae (Braunwurzgewächse)

DEUTSCHER TRIVIALNAME:
Emusträucher (Gattung *Eremophila*)

ENGLISCHE TRIVIALNAMEN:
fuchsia bush; native honeysuckle; poverty bush; turpentine bush

INDIGENE NAMEN:
burra; jilarnu (Yindjibarndi und Ngarluma)

NATÜRLICHES VERBREITUNGSGEBIET:
Australien

HABITATE:
Trockenwüsten; trockene Buschsavannen

LEBENSFORM:
ausdauernder immergrüner Halbstrauch oder Strauch; kleiner Baum

VERWENDUNGEN:
Medizin; Nahrung; spirituell / rituell; sozial

EMUSTRAUCH

Zur Gattung *Eremophila* gehören über 240 Arten, die alle in Australien standortheimisch sind mit Ausnahme von *E. debilis*, die in Neuseeland wächst (wo sie vielleicht von Menschen eingeführt wurde). Die Pflanzen gedeihen überall in Australiens trockenen und halbtrockenen Regionen und beherrschen die dortigen Landschaften. Die Gattung ist in sämtlichen Festlandstaaten und -territorien verbreitet und zeichnet sich durch ihre Feuer-, Dürre-, Frost- und Beweidungsverträglichkeit aus. Die Pflanzen wachsen auf ausgelaugten Böden und können ein Indikator für minderwertiges Weideland sein, was eine ihrer lokalen Bezeichnungen in Westaustralien, *poverty bush*, erklärt. Ansonsten ist aufgrund der Vorliebe des Emus für seine Früchte *emu bush* der übliche Name für *Eremophila*.

Die Aborigines im Landesinneren und an den Küsten Australiens schätzen *Eremophila*-Arten wegen ihrer medizinischen Eigenschaften und soziokulturellen Verwendungen. Von den rund 70 Arten, die von den Aborigines Zentralaustraliens nachweislich medizinisch genutzt wurden, waren etwa ein Drittel entweder *Eremophila*- oder *Acacia*-Arten. Außer als Arzneimittel dienten *Eremophila*-Pflanzen überall im ariden Australien als nachrangige Nahrungsquelle und spielten im Alltag eine kulturelle, materielle und religiöse Rolle.

Nur wenige *Eremophila*-Arten waren wichtige Nahrungsmittel, doch in Hungerzeiten wusste man sie zu schätzen. Die Warlpiri im Northern Territory aßen die Blätter und Blüten von *E. freelingii* und *E. latrobei* und saugten den als Delikatesse geltenden Nektar aus den Blüten.

Eremophila-Arten lieferten auch nützliche Materialien, so z. B. in Queensland das Holz von *E. mitchelli*, das sich zum Schnitzen eignete, und Rindenextrakte von *E. longifolia* und *E. oppositifolia*, mit denen man die Häute von Wassersäcken gerbte. Viele *Eremophila*-Arten sondern ein harziges Exsudat ab, das sich auf den Blättern und Ästen absetzt. Es wurde abgesammelt und als Dichtungs- und Klebstoff verwendet.

In der Größe variieren die *Eremophila*-Arten vom kleinen Strauch bis zum kleinen Baum, aber meist sind es gedrungene, niedrigwüchsige Sträucher. Auch Größe und Form der Blätter differieren; in der Regel sind sie klein und entweder glänzend oder behaart. Die Blüten aller Arten der Gattung ähneln sich und haben je fünf Kronblätter, die an der Basis verwachsen sind und eine Röhre bilden. Ihre Farbe variiert von Cremeweiß bis Violett, Lila und Rot; verbreitet sind auch grüne Blüten.

E. alternifolia ist ein kleiner bis mittelgroßer, meist 1–4 m hoher Strauch mit zahlreichen, mit vorstehenden Harzdrüsen und Blattnarben bedeckten Ästen. Die wechselständigen Blätter sind 2–4 cm lang und 1–3 mm breit. Die Blüten sitzen einzeln in den Blattachseln S-förmiger Stiele.

Bei den Aborigines im Landesinneren gilt *E. alternifolia* als eine der wichtigsten Heilpflanzen und wurde als eine von wenigen Pflanzen für den Notfall getrocknet, gelagert und mitgeführt. Die Blätter werden für die innerliche und äußerliche Anwendung als abschwellendes, schleimlösendes und schmerzstillendes Mittel sowie zur Linderung von Erkältungs-, Grippe-, Fieber- und Kopfschmerzsymptomen mit Wasser übergossen. Außerdem behandelte man mit ihnen eitrige Wunden und förderte den Schlaf und angenehme Träume sowie das allgemeine Wohlbefinden.

In *Eremophila*-Arten sind über 200 bioaktive Verbindungen identifiziert worden, darunter Terpenoide, cyanogene Glukoside und Flavonoide. In mehreren Studien konnten antibakterielle Eigenschaften nachgewiesen werden. *E.-alternifolia*-Extrakte zeigen eine signifikante Antipilz- und antibakterielle Aktivität gegen multiple Erreger. Für *Eremophila*-Arten sind zudem antivirale, entzündungshemmende, antidiabetische und immunregulatorische Wirkungen dokumentiert.

Eremophila-Arten haben in Zeremonien der Aborigines eine zentrale Rolle gespielt, darunter solchen, die bedeutende Lebensereignisse markieren, von Geburt bis Tod. *E. longifolia* ist die den indigenen Völkern Zentralaustraliens heiligste Art überhaupt. Bei aufwendigen Beschneidungszeremonien steckte man den Novizen im Anschluss an mehrstündiges Tanzen und Singen Reiser der Pflanze in die Stirn- und

Armbänder. Auch bei anderen komplexen Initiationszeremonien fand sie Verwendung. Bei einigen verbrannte man z. B. die Blätter, um heiligen Rauch zu produzieren, oder wischte den Initiierten damit über den Körper und über heilige Objekte. Mit den Zweigen kleidete man Gräber aus und hüllte Leichen darin ein. Bei den Northern Aranda im zentralaustralischen Northern Territory durfte an heiligen Wasserstellen nur Wasser holen, wer frische Emustrauchzweige in der Hand hielt und neben der Quelle ablegte. So wollte man den totemistischen Ahnen Karora beschwichtigen, der am Grund der Ilbalintja Soak (Wasserstelle) in ewigem Schlaf ruht. In Berichten über eine um 1901 / 1902 zurückgekehrte Aranda-Kriegspartei werden in Arm- und Stirnbändern sowie Nasenscheidewänden steckende *E.-longifolia*-Zweige erwähnt, die getötete Feinde symbolisierten. Auch die Blüten von *E. freelingii* wurden in Zeremonien und als Stirnbandschmuck verwendet.

Emustrauch (*Eremophila* spp.), aus:
Forest Flora South Australia (1882) von John Ednie Brown.

Emustrauch (*Eremophila* spp.), aus:
Curtis's Botanical Magazine, Bd. 45 (1818).

TRADITIONELLE ARZNEIEN

In den Augen vieler, wenn nicht der meisten australischen Aboriginesgesellschaften waren ernsthafte Erkrankungen und innere Leiden spirituellen oder übernatürlichen Ursprungs, sodass ihre Behandlung der spirituellen Mittel mächtiger Medizinmänner und -frauen bedurfte. Deswegen wurden nur etwa 10 % der traditionellen Aboriginesarzneien innerlich angewendet. Wichtig waren medizinische Substanzen hingegen bei der Behandlung von nicht übernatürlich verursachten Erkrankungen, wie Erkältungen, tiefen und oberflächlichen Wunden, Augenentzündungen und Muskelzerrungen.

Da die Aborigines früher keine Metall- und Tongefäße benutzten, konnten sie Wasser nicht kochen. Pflanzenextrakte stellten sie meist her, indem sie das pflanzliche Material zerstießen und in Holzschalen mit Wasser legten, um diese Aufgüsse dann äußerlich als Spülung auf den betreffenden Körperteil zu geben oder manchmal auch schluckweise als Tee zu trinken. Oder sie verarbeiteten es zu Brei, mischten diesen mit Tierfett zu einer Salbe und rieben sich damit ein. Eine dritte, in Australien heute noch weitverbreitete Variante bestand darin, den Rauch zu nutzen; man lässt ihn über dem Patienten wabern oder von diesem einatmen oder trägt kindliche Patienten hindurch.

WISSENSCHAFTLICHER NAME:
Eucalyptus globulus

FAMILIE:
Myrtaceae (Myrtengewächse)

DEUTSCHE TRIVIALNAMEN:
Blauer Eukalyptus; Gewöhnlicher Eukalyptus; Tasmanischer Blaugummibaum; Fieberbaum

ENGLISCHE TRIVIALNAMEN:
maiden's gum; southern blue gum; Tasmanian blue gum; Victorian eurabbie

INDIGENE NAMEN:
yarra (Dharawal); yerradhang (Gundungurra)

NATÜRLICHES VERBREITUNGSGEBIET:
Australien (New South Wales, Victoria und Tasmanien)

HABITATE:
hohe offene Wälder; Buschland und Feuchtgebiete auf Böden unterschiedlicher Qualität

LEBENSFORM:
hoher immergrüner Baum

VERWENDUNGEN:
Medizin; Parfüm; Nutzholz; Zellstoff; Kraftstoff; Kräutertee; Nahrung wirbelloser Tiere; ökologisch; Zierpflanze; Farbstoffe

---

BLAUER EUKALYPTUS

Zur Gattung *Eucalyptus* gehören über 750 überwiegend in Australien heimische Arten. Der Blaue Eukalyptus, *E. globulus*, stammt aus dem südöstlichen Australien und Tasmanien, an dessen Ostküste er stellenweise reichlich vorkommt. Er hat vier anerkannte Unterarten mit je unterschiedlichen Verbreitungsgebieten. Als einzelne dominante Art bildet er hohe offene Wälder; außerdem wächst er in gemischten Eukalyptuswäldern. Er ist gut an gemäßigte Umgebungen angepasst und gedeiht vor allem in den kühleren Regionen tropischer Berge. In extremen Milieus, wie auf Felsen, kann er als verkümmerter Strauch vorkommen. Der immergrüne Baum ist ökonomisch wichtig und wird zur Zellstoff- und Nutzholzgewinnung auch außerhalb seines natürlichen Verbreitungsgebiets viel angebaut, darunter in großflächigen Plantagen in Südamerika, China, auf der Iberischen Halbinsel und andernorts. In vielen Gegenden zieht man ihn auch als Zierbaum und Windschutz. Seit 1962 ist die Blüte von *E. globulus* das Emblem Tasmaniens.

E. globulus kann bis zu 70 m hoch und der Stamm bis zu 2 m dick werden. An dessen unterem Teil ist die Borke rau und ausdauernd, schält sich aber ab, sodass der Stamm großenteils glatt und hellgrau, weiß oder gelblich ist. Die jungen Blätter wachsen in gegenständigen Paaren, haben eine wachsartige Oberfläche, sind blaugrün und bis zu 15 cm lang. Die Blätter ausgewachsener Bäume wachsen wechselständig an den Stielen, sind glänzend und dunkler, bis zu 30 cm lang und 3 cm breit und weisen zahlreiche Öldrüsen auf.

Die weißen oder cremefarbenen Blüten enthalten reichlich Nektar und wachsen einzeln, gelegentlich auch in Büscheln à drei in der Blattachsel. Sie werden von vielen verschiedenen Tieren bestäubt, darunter Vögel, Säugetiere und Insekten. Die runden, verholzten Früchte haben einen Durchmesser von 1,5–2,5 cm.

Da die Borkenzellen von *E. globulus* Fotosynthese betreiben können, wenn der Baum kein Laub trägt, gedeiht er auch in suboptimalen Klimata und kann sich nach Waldbränden besser erholen.

Aufgrund seiner lokalen Häufigkeit war der Blaue Eukalyptus für die Aboriginesvölker Tasmaniens und Südostaustraliens kulturell bedeutend. In dieser Region hatte die europäische Kolonisation ab dem 18. Jahrhundert massive Auswirkungen und führte zum Verlust eines Großteils des traditionellen Wissens und vieler Sprachen. Über die traditionelle Nutzung von *E. globulus* ist relativ wenig bekannt, doch wegen seiner Übernahme als Heilpflanze durch die frühen Siedler und analog zur Nutzung verwandter Pflanzen durch Aborigines in ganz Australien lassen sich bestimmte Vermutungen anstellen.

Bei Husten und Erkältungen zerdrückte man wahrscheinlich die stark duftenden Blätter und inhalierte die Ausdünstungen. Archäologische Anzeichen sprechen dafür, dass auch Räucherverfahren regelmäßig angewandt wurden. Die frischen Blätter wurden auf glühende Asche gelegt und die Patient*innen oder bestimmte Körperteile mit dem Rauch beräuchert. So behandelte man Brustkorbinfektionen. Alternativ legte man eine dicke Blätterschicht auf dampfende heiße Steine, auf die sich der Patient bettete, um dann bis zum Hals mit warmem Sand bedeckt zu werden und so mehrere Stunden auszuharren. Diverse Aboriginesgemeinschaften verwenden in Wasser gekochte Eukalyptusblätter als medizinische Waschlotion. Das *kino* genannte Gummi wird durch Anritzen der Borke gewonnen, woraufhin der Saft abfließt und aushärtet. Eukalyptusgummi wurde über Feuer erhitzt und auf tiefe und offene Wunden aufgetragen. Zudem diente es als Klebstoff.

Heute wird *E. globulus* für die kommerzielle Produktion von Eukalyptusöl genutzt, das aus den Blättern gewonnen wird. Medizinisch setzt man es zur Linderung von Erkältungs-, Husten-, Schnupfen- und Halsschmerzsymptomen sowie in Tabletten-

oder Pastillenform als abschwellendes Mittel ein. Als Inhalationsmittel wird es gern in heißem Wasser, in Erkältungssalben oder in Inhalatationsgeräten verabreicht. Es ist auch Bestandteil von Einreibemitteln für die Linderung von Schmerzen des Halte- und Stützapparats und von Entzündungen. Schließlich ist Eukalyptusöl ein wirksames Insektenmittel und Insektizid, auch gegen Menschenläuse und Staubmilben.

Der wesentliche chemische Bestandteil des ätherischen Öls ist Eucalyptol, das sich als nützlich erwiesen hat für die Behandlung von Rhinosinusitis (Entzündung der Nasenschleimhaut und der Nasennebenhöhlen) und der obstruktiven Lungenkrankheit (Lungenerkrankung, die sich durch erschwertes Ausatmen und Atemnot auszeichnet) und eine allgemeine entzündungshemmende Aktivität besitzt. Weitere bioaktive Verbindungen, die zu den pharmakologischen Eigenschaften des Eukalyptusöls beitragen, sind u. a. die aromatischen Verbindungen Terpineol, Pinen und Cymol. Die Blätter enthalten außerdem Flavonoide, Tannine und andere Polyphenole. In der Summe stützen diese aktiven Verbindungen die medizinischen Nutzungen von Eukalyptus. Die antibakteriellen, Antipilz- und antiviralen Eigenschaften von *E.-globulus*-Blätterextrakten wurden in Studien bestätigt.

Das Öl findet auch für Parfüme, als Aromastoff und Lösemittel für Fett und Ölflecken Verwendung, und aus den Blättern werden Kräutertees gemacht.

Die Blätter verleihen auch Speisen Würze, insbesondere in Erdöfen zubereitetem Fisch. *Sugarbag bees* (eine heimische Biene) in Eukalyptusbäumen liefern Honig und Wachs, und heute werden zur kommerziellen Honiggewinnung Bienenkörbe in *E.-globulus*-Bäume gesetzt.

Eucalyptus-Arten sind auch eine gute Quelle für Holz. Aus ausgehöhlten Stämmen passender Größe werden Didgeridoos gefertigt. Außerdem macht man aus dem Holz Brennholz, Werkzeuge (z. B. Speerschleudern) und Unterstände.

Schließlich ergeben die jungen Blätter von *E. globulus* einen gelben oder braunen Farbstoff ohne Beizmittel (Fixiersubstanz). Aus den frischen Trieben werden graue und grüne Farbstoffe, aus der jungen Borke wird ein dunkelgrüner Farbstoff gewonnen.

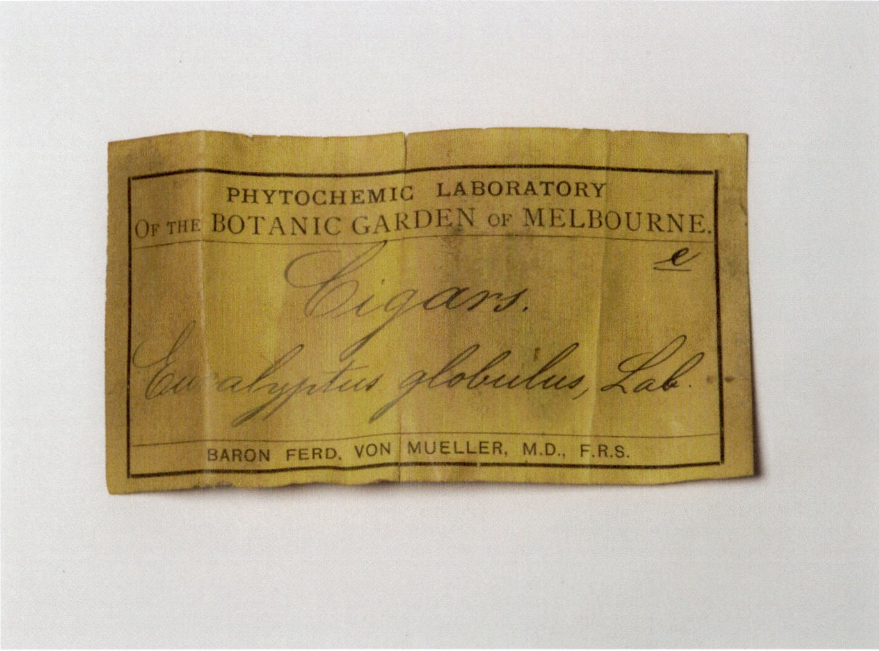

Oben: Etikett für aus *Eucalyptus-globulus*-Blättern gefertigte Zigarren. Schenkung des Freiherrn Ferdinand von Mueller (1825–1896), eines deutschstämmigen Botanikers bei der Regierung von Victoria (Australien), ans Pflanzenchemielabor des Botanischen Gartens Melbourne. Kew Economic Botany Collection.

Links: Laub und Blüten des Blauen Eukalyptus [Eucalyptus globulus] mit Kohlmotte und Vögeln von Marianne North (1830–1890). Rechts unten die stark abweichende Jugendform der Blätter.

UMWELTPROBLEME

E. globulus ist einer der weltweit in Plantagen meistangebauten Bäume und hat in Südamerika einen Großteil der artenreichen Flora des Atlantischen Regenwalds verdrängt. Sorge bereitet er aber vor allem wegen seiner leichten Entflammbarkeit, die das Feuerrisiko erhöht, und seiner langen Pfahlwurzeln, die sich negativ auf den Grundwasserspiegel auswirken.

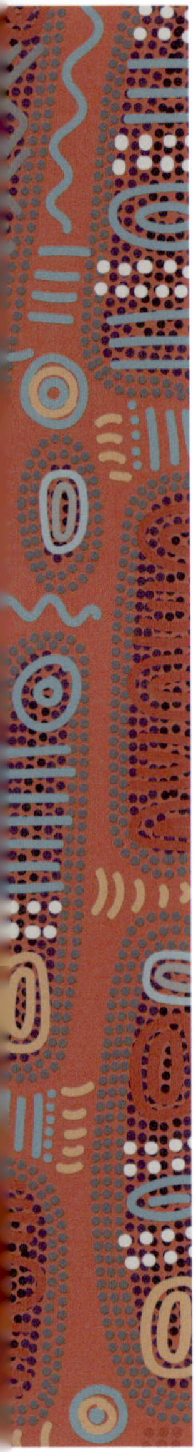

WISSENSCHAFTLICHER NAME:
Melaleuca leucadendra

FAMILIE:
Myrtaceae (Myrtengewächse)

DEUTSCHE TRIVIALNAMEN:
Silberbaum-Myrtenheide; Kajeputbaum; Cajeputbaum

ENGLISCHE TRIVIALNAMEN:
long-leaved paperbark; river tea tree; swamp tea tree; weeping paperbark; weeping tea tree

INDIGENE NAMEN:
dangirndi (Wardaman); dhuluw (Rirratijngu); garlayarr (Mangarrayi); kidi (Yirrganydji, Djabugay); pakarli (Gurindji, Ngarinyman); punkaringa (Tiwi); rangan (Djambarrpunygo); williman (Alawa); wolk' (Yolngu Matha); wunybu (Iwaidja); yuk kich thuumpiy (Wik-Mungkan)

NATÜRLICHES VERBREITUNGSGEBIET:
Maluku bis N-Australien

HABITATE:
tropische Wälder; Sumpfwälder; Flussufer

LEBENSFORM:
Baum

VERWENDUNGEN:
Medizin; Materialien; Würzstoff für Speisen

SILBERBAUM-MYRTENHEIDE

Zur Gattung *Melaleuca* (Myrtenheide) gehören über 380 Arten, von denen *M. leucadendra* für die Aboriginesvölker der Kap-York-Halbinsel und des „Top End“ (im Northern Territory) in Australien eine der kulturell bedeutendsten ist. Der Baum wächst an den Ufern von Wasserläufen, in saisonal überfluteten Gebieten und in Sumpfgebieten mit ganzjährigem Süßwasservorkommen.

M. leucadendra ist ein großer, bis zu 25 m hoher Baum mit einer charakteristischen dicken, papierähnlichen, meist weißen oder cremefarbenen, manchmal blassrosa Borke, die großlagig abblättern kann. Die kleineren Äste hängen oft herab, und die jungen Triebe und Zweige sind mit dünnen, platten, silbrig weißen Haaren bedeckt, die bald ausfallen, sodass sie im ausgewachsenen Zustand, anders als die verwandte Art *M. dealbata,* haarlos sind. Die langen, schmalen Blätter sind bis zu 15 cm lang und 2 cm breit und weisen fünf (manchmal bis zu neun) auffällige Längsrippen auf. Die Blüten sind cremefarben oder weiß, duften stark und süß und stehen meist in Dreiergruppen

Illawara, New South Wales von Marianne North (1830–1890).
Das Gemälde zeigt eine Silberbaum-Myrtenheide (*Melaleuca leucandendra*) und andere Arten.

an bis zu 12 cm langen und 3 cm breiten, flaschenbürstenähnlichen Blütenständen. Diese bestehen aus je 7–22 solcher Blütengruppen. Die Staubblätter sind ca. 1–2,5 cm lang und zu je fünf, den Kronblättern gegenüberliegenden Bündeln verwachsen. Die Früchte sind ungestielte, kleine, etwa 4 mm breite verholzte Kapseln, die in lockeren Büscheln an den Stielen sitzen. Die Bäume blühen meist zwischen April und September, die Früchte zeigen sich zwischen Mai und Oktober.

Die großen Rindenblätter von *M. leucadendra* wurden vielfältig genutzt, u. a. für den Bau wasserdichter Unterstände. Man stellte sie noch bis Mitte des 20. Jahrhunderts her, bis die Regierungspolitik der Segregation und Assimilation die traditionelle Lebensweise der Aboriginesvölker zunehmend zunichte machte. Diese Behausungen waren zwar nur provisorisch, hielten z. T. aber über zwei Jahre. Man band dafür die Rindenstreifen an einem manchmal auf Stelzen stehenden Rahmen fest oder fügte sie zu Schutzdächern für die Regenzeit zusammen. Außerdem gab die Rinde ein Bett oder eine wasserdichte Bettdecke ab.

Die Rinde ist auch das bevorzugte Material für die Fertigung des Coolamons (in der Rirratjingu-Sprache der Gove-Halbinsel im Northern Territory: *dhaniya*), eines traditionellen, an beiden Seiten zusammengebundenen Transportgefäßes für Wasser, den Honig der heimischen *sugarbag bees*, Früchte – und sogar Babys.

Im Northern Territory bauten die Wardaman aus großen Rindenstreifen Flöße und die Rirratjingu und Tiwi (auf Bathurst Island und Melville Island) aus hohen, geraden Stämmen Kanus. Das galt als wichtige Aufgabe, die einen Mann drei oder vier Tage lang beanspruchte, an denen andere ihn mit Essen versorgten, damit er seine Arbeit nicht unterbrechen musste.

Die Tiwi-Frauen bedeckten mit einem Stück Rinde ihren Schambereich. Oft werden mit der Rinde auch Feuer angezündet und Fackeln (in der Sprache der Iwaidja auf der Cobourg Peninsula im Northern Territory: *yirradj*) hergestellt, weil die *wunybu*-Rinde im Vergleich zu der anderer Myrtenheiden langsamer brennen soll. Man benutzt sie auch gern als Teller oder wickelt Speisen darin ein, insbesondere Fisch, Fleisch oder das sogenannte Damper-Brot, die man im traditionellen Erdofen (*kup murri*) gart. Die Rirratjingu schlagen darin das Brot ein, das sie aus *ngathu* backen, dem Sagopalmfarn *Cycas armstrongii*. Sagopalmfarne sind hochgiftig, verlieren ihre Giftigkeit jedoch bei traditionellen Zubereitungsweisen. Die Samen werden zerstoßen, in die Rinde gewickelt und eine Woche lang eingeweicht. Dann sind sie genießbar. Mit den Blättern wird auch das gegarte Fleisch von Fischen, Wallabys und Flughunden gewürzt.

Flughunde, bei den Iwaidja *ngarlak* genannt, fressen gern die Kajeputbaumblüten (*wagirrk*) und ruhen sich tagsüber gern in den Bäumen aus, wo man sie leicht fangen kann. Die Tiwi-Frauen verarbeiten die Blüten bisweilen zu Parfüm. Mit Wasser übergossen, ergeben sie ein süßes Getränk. Trinkwasser gewinnt man, wenn man unten in die Wülste am Stamm hackt. Es ist genießbar, soll aber schal riechen und schmecken.

Die Blätter werden medizinisch genutzt, indem man sie in Wasser kocht und äußerlich als Spülung anwendet oder bei Erkältungen, Grippe oder Verstopfung den Dampf inhaliert. Alternativ lässt man die frischen Blätter in einer Grube über heißen Kohlen räuchern. Der Patient sitzt direkt daneben, sodass er einen Teil des Rauchs inhaliert. Diese Methode gilt auch als wirksames Mittel gegen allgemeines Unwohlsein unbekannter Ursache. Die Rirratjingu behandeln mit dem Bast Brechdurchfall. Dafür wird er abgeschabt und im *billycan* (Kochtopf fürs Lagerfeuer) in Wasser gekocht; die Flüssigkeit wird dann entweder als Waschlotion verwendet oder getrunken.

Das ätherische Öl von *M. leucadendra* (Kajeputöl) wird durch Dampfdestillation der Blätter und Zweige gewonnen. Heute wird es großenteils auf der indonesischen Insel Sulawesi produziert. Es ist ein Inhaltsstoff zugelassener Medikamente, die bei verstopfter Nase inhaliert werden, was der traditionellen medizinischen Verwendung der Pflanze entspricht.

Silberbaum-Myrtenheide (*Melaleuca leucadendra*), aus: *Köhler's Medizinal-Pflanzen*, Bd. 2 (1887).

VERWENDUNG IM TOTENKULT

Die Silberbaum-Myrtenheide spielte eine wichtige Rolle im Totenkult, der vor den sogenannten *mission days* praktiziert wurde, als die australische Regierung zwischen Mitte des 19. und bis ins 20. Jahrhundert hinein Kirchen und Religionsgemeinschaften Land überließ, damit sie Aborigines ansiedelten, zum Christentum bekehrten und auf Hilfsarbeiten vorbereiteten. Das Missionswesen löste sich zwar zwischen Mitte und Ende des 20. Jahrhunderts stufenweise auf, doch einige Stationen existierten noch bis in die 1970er-Jahre und darüber hinaus.

1904 wurde an der Westküste der Kap-York-Halbinsel die Aurukun-Mission gegründet, aber bis in die 1950er-Jahre lebten viele der lokalen Wik-Völker abseits davon, was ihre Kultur stärkte. Traditionell wickelten die Wik-Völker der Kap-York-Halbinsel ihre Toten in Rinde des *yuk kich thuumpiy* (Silberbaum-Myrtenheide) ein. Die Wik waren Halbnomaden, die, um die natürlichen Ressourcen bestmöglich zu nutzen, innerhalb ihrer Clan-Gebiete zwischen bevorzugten Lagerplätzen hin und her zogen. Starb ein Familienmitglied, trug man die Leiche etwa ein Jahr lang auf einer Bahre mit sich und äscherte sie dann zeremoniell ein.

Die Mangarrayi in der Gegend um den Roper River im Northern Territory fertigten aus der Silberbaum-Myrtenheide auch Lagergefäße für Knochen.

WISSENSCHAFTLICHER NAME:
Morinda citrifolia

FAMILIE:
Rubiaceae (Rötegewächse)

DEUTSCHE TRIVIALNAMEN:
Nonibaum; Indischer Maulbeerstrauch; Indischer Maulbeerbaum

ENGLISCHE TRIVIALNAMEN:
beach mulberry; canary wood; cheesefruit; Indian mulberry; rotten cheesefruit

INDIGENE NAMEN:
lino (Kapampangan); margula (Iwaidja); níno (Bikol); noni (hawaiianisch); nono (Rarotongan); nonu (tongaisch, samoanisch); wuliwulama (Tiwi); yuk ku'mungan (Wik-Mungkan)

NATÜRLICHES VERBREITUNGSGEBIET:
tropisches und subtropisches Asien bis N-Australien

HABITATE:
geschlossene und offene Wälder; Savannen; Buschland; Feuchtgebiete

LEBENSFORM:
immergrüner Strauch oder Baum

VERWENDUNGEN:
Medizin; Nahrung; Farbstoff; Treibstoff

NONIBAUM

Mit *Morinda citrifolia* behandelt man in Polynesien, Süd- und Südostasien sowie im nördlichen Australien schon lange ein breites Spektrum an Leiden.

Ihre Frucht wurde einst überall auf den Pazifikinseln und in Nordaustralien gegessen; Kapitän James Cook (1728–1779) beobachtete ihren Verzehr Ende des 18. Jahrhunderts auf Tahiti. Aufgrund ihres an strengen Käse erinnernden scharfen Geruchs und Geschmacks gewöhnungsbedürftig, war sie eher ein Not- als ein Grundnahrungsmittel. Die Wik-Völker auf der australischen Kap-York-Halbinsel nennen sie *may ku' mungkan* („Hundefutter"), weil die wilden Dingos sie angeblich mögen.

M. citrifolia ist ein bis zu 6 m hoher immergrüner Strauch oder Baum in offenen Küstenzonen und Wäldern mit Höhen von bis zu 400 m ü. M. Auf den vulkanischen Inseln, wo er gedeiht, wächst er oft an Lavaströmen. Er hat einen geraden Stamm und bis zu 25 cm lange, elliptische, glänzend grüne, gegenständige Blätter. Die bis zu 1 cm langen, weißen Blüten wachsen in Büscheln. Die auffällige fleischige Frucht (Noni) ist cremeweiß, oval bis länglich und kann 12 cm lang oder länger werden. Sie hat eine unebene, in mehrkantige Stücke gegliederte Oberfläche. Am einen Ende der dreieckigen, rötlich braunen Samen befindet sich eine Luftkammer, die sie schwimmfähig macht – vielleicht ein Grund für die große Verbreitung der Pflanze überall an den polynesischen Küsten. Sie trägt das ganze Jahr über Blüten und Früchte.

Die traditionellen medizinischen Verwendungen des Nonibaums sind so vielfältig wie seine Geografie. Wurzel, Stamm, Rinde, Blätter und Früchte ergeben Umschläge zur äußerlichen und Aufgüsse für die innerliche Anwendung oder werden direkt auf den Körper aufgebracht. Manche Präparate entstehen durch Vergären und werden oral verabreicht. Äußerlich wird die Pflanze hauptsächlich bei oberflächlichen Wunden, Schnitten und Entzündungen, außerdem bei Stichen und Kopfschmerzen angewendet. Die innerlichen Verwendungen reichen von der Regulierung der Menstruation bis zur Krebstherapie.

Die Iwaidja auf der Cobourg Peninsula im australischen Northern Territory behandeln mit der vollreifen, weichen Frucht Erkältungen und Husten. Ist sie noch unreif, gräbt man sie für einen Tag in Sand oder Erde ein, um den Reifungsprozess zu beschleunigen.

Die Tiwi auf den Inseln Melville und Bathurst verwenden die getrockneten Blätter als Tabak, den sie in einem Blattstück aufrollen oder in einer Krebsscheren-Pfeife rauchen.

Die Maori auf Rarotonga nutzen die Früchte, gelegentlich auch die Wurzeln des Nonibaums medizinisch. Mit einem Aufguss aus den Früchten, sowie manchmal den grünen und gelben Blättern oder gemahlenem Kava, werden Harnwegsinfekte und die damit verbundenen Schmerzen behandelt. Mit der Frucht geht man auch gegen Unterleibsgeschwülste und Leistenbrüche vor. Bei Steinfischstichen wird eine Lösung aus der geriebenen Wurzel auf den Oberkopf gegeben. Denselben Zweck erfüllt die Frucht auf Tahiti, nur dass die Lösung dort direkt auf den Stich aufgebracht wird.

Die Polynesier stellten früher aus der Wurzel einen gelben oder roten Farbstoff für die traditionellen Kleidungsstücke aus *tapa* (Baststoff) und *fala* (Matten) her und aßen die Frucht der Gesundheit und Ernährung wegen. Mehrere polynesische Geschichten erzählen von Helden, die dank Noni Hungerzeiten überstanden. Analysen von Rindenkleidung, die westliche Seefahrer im 18. / 19. Jahrhundert von den Pazifikinseln mitgebracht haben, ergaben, dass *M. citrifolia* eine der wichtigsten Färbepflanzen der damaligen Zeit war. Ende des 19. Jahrhunderts wurde *tapa* in Hawaii und auf Tahiti nicht mehr produziert, in Westpolynesien ist die *tapa*-Herstellung aber nie abgebrochen. In Hawaii werden derzeit traditionelle *tapa*-Fertigungstechniken wiederbelebt.

In der Komplementär- und der alternativen Medizin besteht eine große Nachfrage nach Noni-Fruchtsaft für die Behandlung bzw. Vorbeugung eines breiten Spektrums von Krankheiten. Analog zu vielen traditionellen medizinischen Verwendungen soll er vielfältigen gesundheitlichen Nutzen haben, u. a. bei Krebs, Infektionen, Arthritis, Diabetes, Asthma, Bluthochdruck und Schmerzen. Sein klinischer Nutzen ist nur begrenzt wissenschaftlich abgesichert, doch es gibt Anhaltspunkte dafür, dass er bei der Behandlung von Erkältungen und Grippe einen gewissen Erfolg zu haben scheint.

Wegen seines hohen Antioxidantiengehalts wird Noni als Nahrungsergänzungsmittel vermarktet und ist Bestandteil vieler Kosmetika und Hautpflegeprodukte. Die Kosmetikindustrie preist seine entzündungshemmenden und Anti-Aging-Eigenschaften.

Die Noni-Frucht enthält diverse Verbindungsklassen, darunter Polysaccharide, Alkaloide, Flavonoide, Anthrachinone und Kumarine. Von den wesentlichen bioaktiven Verbindungen hat Scopoletin (ein Kumarin) nachweislich entzündungshemmende und schmerzlindernde Eigenschaften, und Damnacanthal (ein Anthrachinon) hat potenzielle Antikrebswirkung.

Nonis kulturelle Bedeutung spiegelt sich in polynesischen Mythen und Legenden wider. In einer Geschichte neckt der Schweinegott Kamapua'a seine Angebetete, die Vulkangöttin Pele, mit folgendem Lied:

Ich sah die Frau Noni sammeln
Ich sah die Frau Noni anritzen
Ich sah die Frau Noni stampfen

Wahrscheinlich bezieht sich das Lied auf Peles rote Augen. Als sie es vernahm, stürzte sie sich vor Wut in den Kampf mit Kamapua'a. Ein Mythos aus Tonga erzählt vom Gott Maui, der zum Leben wiedererweckt wurde, indem man ihm Nonibaumblätter auf den Körper legte.

POLYNESISCHE KANUPFLANZEN

Die bemerkenswerten Seefahrten der Vorfahren der heutigen Polynesier, die wahrscheinlich den Ozean in Auslegerkanus überquert und sich dabei von den Sternen haben leiten lassen, werden noch beachtlicher durch die Pflanzen, die sie mitnahmen. Zwar wuchsen auf den Inseln schon vor ihrem Eintreffen zahlreiche heimische Arten, aber die meisten Nutzpflanzen der alten polynesischen Kultur waren die, die in Kanus hingebracht worden waren. Sie ermöglichten es den Menschen, sich auf den Pazifikinseln niederzulassen und dort zu existieren, wo sie noch heute leben. *M. citrifolia* war eine der zwölf Pflanzen, die am häufigsten auf diese Fahrten mitgenommen wurden, und ist nicht nur eine der meistgenutzten polynesischen Heilpflanzen, sondern auch als Notnahrung und Färbepflanze hochgeschätzt.

WISSENSCHAFTLICHER NAME:
Swainsona formosa

FAMILIE:
Fabaceae (Hülsenfrüchtler)

DEUTSCHE TRIVIALNAMEN:
Australische Wüstenerbse; Ruhmesblume

ENGLISCHE TRIVIALNAMEN:
blood flower; desert pea; lobster claws

INDIGENER NAME:
peebun (Gualluma)

NATÜRLICHES VERBREITUNGSGEBIET:
Australien

HABITATE:
Trockenwüsten; trockene Buschsavannen

LEBENSFORM:
krautige einjährige oder kurzlebige ausdauernde Pflanze

VERWENDUNGEN:
sozial; Nahrung; Zierpflanze

AUSTRALISCHE WÜSTENERBSE

Die Australische Wüstenerbse, *Swainsona formosa*, ist eine *der* australischen Wüstenwildblumen mit Kultstatus und kommt in den trockenen Inlandregionen Westaustraliens, Südaustraliens, des äußersten Westens von New South Wales sowie im südlichen Northern Territory vor und ist auch für Queensland dokumentiert. Sie gedeiht auf roten Sand- oder Lehmböden offener Gelände und Mulga- (*Acacia-aneura-*)Wälder.

Die auffällige Pflanze hat blutrote Blüten mit einer knolligen, schwarzen Mitte („Beule" oder „Höcker"). Bei einigen Aboriginesvölkern gilt sie als heilig, und Südaustralien erklärte sie 1961 zur Blume dieses Bundesstaates. 1699 legte der englische Freibeuter, Entdecker und Naturkundler William Dampier (1651–1715) die erste wissenschaftliche Wüstenerbsensammlung an, die sich heute im Field-Druce-Herbarium der Universität Oxford befindet. Schon Dampier und der spätere Entdeckungsreisende Charles Sturt (1795–1869) bemerkten die Schönheit der Pflanze; Sturts Name findet sich im englischen Trivialnamen der Pflanze *Sturt's desert pea*. Sie gilt aktuell zwar nicht als in der Natur gefährdet, ist in Südaustralien aber eine geschützte Art. Sie ist eine stark nachgefragte Schnittblume und wird viel als Zierpflanze gezogen.

S. formosa ist eine einjährige oder kurzlebige ausdauernde Pflanze, die in der Regel flach am Boden wächst und bis zu 2 m lang wird, manchmal aber auch eine eher strauchförmig-aufrechte Form hat. Sie hat seidige, graugrüne, gefiederte Blätter mit je ca. 16, paarweise zu beiden Seiten des Blattstiels sitzenden Blättchen. Am Ansatz jedes Blattstiels befindet sich ein Paar großer Nebenblätter. Die Blätter sind mit Flaumhaaren bedeckt, und der Stiel ist leicht kantig und rot. Die Blüten sitzen in Büscheln à 6–9 an kurzen, dicken, geraden Stielen. Sie sind ca. 9 cm lang, haben blut- oder scharlachrote Kronblätter und eine glänzend schwarze Schwellung am Ansatz des obersten Kronblatts. In der Natur kommen bisweilen u. a. auch rosa, gelbe und weiße Blüten mit oder ohne schwarze Beule vor. Die Hülsenfrucht ist ca. 5 cm lang, platzt im reifen Zustand auf und gibt dann mehrere kleine, platte, nierenförmige Samen frei.

Die Wüstenerbse ist gut an ihre trockene Umgebung angepasst, und ihre Samen sind lange entwicklungsfähig; sie können noch nach vielen Jahren keimen. Die harte Samenhülle schützt sie bis zum nächsten Regen gegen die Trockenheit. Die Pflanze blüht in der Regel von Juni bis März, ist dafür aber auf die saisonalen Regenfälle angewiesen.

Australische Wüstenblume (*Swainsona formosa*), aus: *L'Illustration horticole*, Bd. 5 (1858).

Die Aboriginesvölker der australischen Wüstenregionen rösteten die Samen vor dem Verzehr. Außerdem mahlten sie sie zu Mehl, aus dem sie im Kohlenfeuer ein Seedcake- oder Damper-Brot backten.

Die Blüten finden sich viel in der Kunst der Aborigines und werden als Dekoration verwendet.

ABORIGINESLEGENDEN

Die Wüstenerbse kommt in mehreren Aborigineslegenden vor. Eine wurde im späten 19. Jahrhundert aufgeschrieben und handelt von der Liebe von Wimbakalobo und Purleemill, die unter einem schlechten Stern stand.

Die schöne, junge Purleemill war dem graubärtigen Tirtla versprochen, der seine vorigen beiden Frauen umgebracht hatte. Eines Nachts brannte sie mit dem jungen Krieger Wimbakalobo durch, und die beiden schlossen sich dem Volk von dessen Vater am *boulka* (See) an. Sie lebten friedlich zusammen, und noch vor Winterende wurde ihnen ein Sohn geboren. Die Geister brachten Purleemill – die die süßeste Stimme besaß – neue Lieder bei und versprachen ihr, ihr Säugling werde ewig leben. Ein paar Monate später kam Tirtla in tiefer Nacht, um sich zu rächen. Er schlachtete alle im Lager ab und überließ ihre Leichen den Habichten und Krähen zum Fraß. In der nächsten Jagdsaison kehrten er und seine Begleiter an den Ort des Gemetzels zurück. Der *boulka* glitzerte in der Sonne, doch aus seinem Wasser war Salz geworden. Tirtlas Begleiter rannten voller Angst davon, er aber machte sich unbeirrt auf die Suche nach den Knochen seiner Feinde, um sich daran zu weiden. An ihrer Stelle fand er jedoch Massen leuchtend roter Blumen, wie er sie nie zuvor erblickt hatte. Zur Strafe für seine Untat verwandelte der Große Geist Tirtla in einen Stein, der fortan auf ewig an den Salzseen stand. Sie waren aus den Tränen der Geister entstanden, deren Lieder Purleemill so süß gesungen hatte, und die Blumen aus dem Blut, das Tirtla vergossen hatte.

Bei einigen Aboriginesvölkern heißt die Australische Wüstenblume „Blutblume“. Wie der europäische Klatschmohn, der aus den Schlachtfeldern des Ersten Weltkriegs entspross, weckt sie Erinnerungen an Blutvergießen, in diesem Fall an den Einfall in Gebiete der Indigenen und die Jahre nach der Kolonisierung.

WISSENSCHAFTLICHER NAME:
Tacca leontopetaloides

FAMILIE:
Dioscoreaceae (Yamswurzelgewächse)

DEUTSCHE TRIVIALNAMEN:
Ostindische Pfeilwurz; Pia; Loki; Grüne Fledermauslilie

ENGLISCHE TRIVIALNAMEN:
East Indian arrowroot; Fiji arrowroot; Hawaiian arrowroot; Polynesian arrowroot; tacca; Tahitian arrowroot

INDIGENE NAMEN:
almarn (Iwaidja); bidila (Knolle), nhumurray (Frucht / Rirratjingu); chabchab (Yap); gabgab, gaogao (Guam); hâolaa (Neukaledonien); jarrgjarrgin (Wardaman); mahoa'a (Tonga); makmok, mok mok, mogumok (Marshallinseln); masoa (Papua-Neuguinea, Samoa, Tokelau); may wu'amp (Wik-Mungkan); pia (Cookinseln, Französisch-Polynesien, Hawaii, Niue, Papua-Neuguinea, Tahiti); seboseb, ubechub (Palau); te makemake (Kiribati); yabia (Fidschi)

NATÜRLICHES VERBREITUNGSGEBIET:
tropisches Afrika; S- und SO-Asien bis zu den Pazifikinseln und N-Australien

HABITATE:
viele verschiedene, auch Küstenzonen; Störungszonen; Savannen; Randzonen von Sekundärwäldern; Plantagen; auf Höhen von 3 bis 100 m

LEBENSFORM:
knollentragender Geophyt

VERWENDUNGEN:
Nahrung; Faser; Materialien; Medizin

OSTINDISCHE PFEILWURZ

Tacca-Arten bildeten früher eine eigene Familie, die Taccaceae, aber neue Molekularforschung hat gezeigt, dass sie eng mit den Yamsgewächsen der Gattung *Dioscorea* verwandt sind, sodass sie heute mit diesen der Familie der Dioscoreaceae zugeordnet werden. *T. leontopetaloides*, die Ostindische Pfeilwurz, wird wie Yams wegen ihrer stärkehaltigen Knollen geschätzt. Wahrscheinlich wurde sie von den Polynesiern in vorgeschichtlicher Zeit als Kanupflanze auf die Pazifikinseln gebracht (s. S. 239), wo sie sich eingebürgert hat, gelegentlich aber auch angebaut wird.

Ihre Knollen waren eine wichtige Nahrungsquelle für viele Kulturen der Pazifikinseln, insbesondere für die Bewohner der Atolle und der flachen Inseln, wie auch für Aboriginesvölker in Nordaustralien. Da die Knollen im Rohzustand giftige Verbindungen enthalten, die sie ungenießbar machen, müssen sie vor dem Verzehr verarbeitet werden, was ihnen die Toxine entzieht.

T. leontopetaloides ist ein einjähriges Kraut, das in jeder Regensaison aus einer mehrjährigen Knolle sprießt und bis zu 1,5 m hoch wird. Die ovale Knolle ähnelt einer

Kartoffel, kann aber 25 cm dick und bis zu 500 g schwer werden. Anfangs heller, färbt sie sich mit zunehmender Reife dunkelgrau oder braun; sie hat eine dünne Schale und weißes Fleisch. Aus jeder Knolle sprießen in der Regel ein oder zwei (manchmal bis zu 13) aufrechte Blätter an langen, hellgrünen Stielen. Das ganze Blatt hat einen Durchmesser von bis zu 1 m und ist in drei Lappen gegliedert, diese wiederum in kleinere Segmente. Die hängenden, gelben Blüten, die sich nachts öffnen, wachsen in Dolden mit fadenförmigen, purpurnen Deckblättern an einem Blütenschaft, der länger ist als die Blattstiele. Die beerenähnlichen, runden Früchte sind gerippt und im reifen Zustand gelb oder hellorange. Sie enthalten viele gelblich braune Samen mit schwammigen, weißen Arillen.

Die essbare Stärke wird den Knollen entzogen und für Brot, Gebäck, Desserts und Porridge verwendet und oft mit Kokosmilch und Fruchtfleisch gemischt. Sie gilt als leichtverdaulich und daher für Menschen mit schwacher Konstitution, wie Kranke, Ältere und auch Kinder, geeignet.

Auf den Fidschi-Inseln wurde die rohe Stärke vor dem Verzehr traditionell in Blätter gewickelt und zum Gären im Boden vergraben. In Polynesien bereitete man aus Kokoscreme, Pfeilwurzmehl und dem Fruchtextrakt von Taro-, Brotfrucht- oder Schraubenbaumpüree Nachspeisen. Mit der Stärke, Fruchtfleisch, Vanille, Zitrone u. a. backt man auch einen traditionellen Auflauf, der auf Tahiti *poi* heißt (auf den Cookinseln *poke*). In Hawaii wird die Knolle gerieben und in Wasser zu einer schwammigen Kugel gekocht, die vor dem Verzehr in frischen Kokosraspeln gewälzt wird. Alternativ vermengt man die rohen Knollenraspel mit Kokosmilch, wickelt sie in Blätter und backt sie. Ein anderes beliebtes hawaiianisches Gericht ist der Pudding *haupia*, der ursprünglich mit *pia*- (Pfeilwurz-)Mehl, Kokoscreme und *kõ* (Rohrzucker) gemacht wurde.

Anders verarbeiten die nordaustralischen Aboriginesvölker die Pfeilwurz. Die Iwaidja im Northern Territory essen die Knollen nur nach aufwendigen Maßnahmen, wie z. B. dem Verbrennen und anschließenden Mahlen von Muscheln und Korallen zu Pulver, das mit dem fein gehackten oder geriebenen Fruchtfleisch der *almarn*- (Pfeilwurz-) und der *guaraldi*- (*Dioscorea-bulbifera*-)Wurzel vermischt wird. Diese Mischung wird eingewickelt, 24 Stunden in Kohle und Asche gegart, gründlich in Wasser gespült und erst dann verzehrt. Die Rirratjingu auf der Gove-Halbinsel essen die Frucht (*numurray*), wenn sie gelblich und reif ist. Die Knolle (*bidila*) rösten sie vorm Verzehr eine ganze Nacht auf heißen Kohlen. Die Wik auf der Kap-York-Halbinsel kratzen die Schale von der Knolle, zerdrücken diese und seihen das Püree mit Wasser ab, wobei das Wasser etwa dreimal ausgewechselt wird bzw. so oft, bis es nicht mehr bitter schmeckt. Dann wird der Knollenbrei zu Bällchen gerollt und im Kohlenfeuer zu einer Art Damper-Brot gebacken.

Ostindische Pfeilwurz (*Tacca leontopetaloides*), aus: *Botanical Cabinet*, Bd. 7 (1822) von Conrad Loddiges and Sons.

6.
7
8
5
4
9.
1.
3
2.

In Australien behandelte man mit Pfeilwurz-Knollenstärke Ruhr und Durchfall. Auf den polynesischen Inseln verabreichte man rohe, mit Wasser und rotem Lehm vermengte Knolle bei Durchfall, Ruhr und Magen-Darm-Blutungen; auf Hawaii verwendete man die Pflanze bei Übelkeit und Erbrechen.

Heute lassen sich aus *Tacca*-Stärke und Naturkautschuk natürliche Biopolymere herstellen, für die es diverse potenzielle Nutzungen gibt, wie z. B. biologisch abbaubare Verpackungen, biomedizinische Anwendungen, Klebstoffe und Dichtungsmittel, Beschichtungen und nachhaltige Verbundwerkstoffe.

Ostindische Pfeilwurz (*Tacca leontopetaloides*), aus: *Curtis's Botanical Magazine*, Bd. 119 (1893).

TRADITIONELL UND INNOVATIV

In Zeiten der Wasserknappheit funktionieren die Tiwi auf Melville Island und Bathurst Island die hohlen Stängel zu Trinkhalmen um und saugen damit Wasser aus Baumhöhlen und Astgabeln. Vögel, sie sich bei den betreffenden Bäumen einfinden, weisen ihnen den Weg. Wurden die Knollen früher wahrscheinlich gegessen, ist das heute, vermutlich aufgrund der notwendigen arbeitsintensiven Zubereitung, nicht mehr der Fall.

Im Northern Territory essen manche Wardaman die *jarrgjarrgin*-Frucht, wenn sie reif, hellgelb und weich ist. Die Knollen werden zerdrückt, und der Brei wird Jungen von etwa 14 Jahren gegen Bartwuchs ins Gesicht geschmiert.

Zu den dokumentierten interessanten Nutzungen der Pfeilwurz zählen außerdem u. a. Wäschestärke, Zigarettenspitzen aus den Blatt- oder Blütenstielen und das Einflechten der dünnen Blütenstielfasern in Hüte. Mit der Stärke werden dünne Lagen Papiermaulbeere zu *tapa* (Baststoff) zusammengeklebt, der in Samoa und andernorts in Polynesien gern für zeremonielle Kleidung und Wandbehänge verwendet wird. Und auf Yap, einer Pazifikinsel in Mikronesien, werden aus den Blättern Röcke gefertigt.

AUSWAHLBIBLIOGRAFIE

Da die Autorin sich bei ihrer Recherche und in der Darstellung stets auf sehr spezifische Quellen in der englischsprachigen Forschungsliteratur bezieht, haben wir ihre Auswahlbibliografie weitgehend übernommen, diese aber durch einige allgemeine deutschsprachige Titel zum Thema ergänzt.

ENGLISCHSPRACHIGE QUELLEN

Allen, D E & Hatfield, G (2004) *Medicinal Plants in Folk Tradition: An Ethnobotany of Britain & Ireland.* Timber Press

Antonelli, A (ed.) (2020) *State of the World's Plants and Fungi 2020 Report.* Royal Botanic Gardens, Kew

Beloin, N, Gbeassor, M, Akpagana, K, et al. (2005) Ethnomedicinal uses of Momordica charantia (Cucurbitaceae) in Togo and relation to its phytochemistry and biological activity. *Journal of Ethnopharmacology* 96: 49–55

Benitez, G, Leonit, M, B.ck, B, et al. (2023) The rise and fall of mandrake. *Journal of Ethnopharmacology* 303: 115874

Bennett, M R, Bustos, D, Pigati, J S et al. (2021) Evidence of humans in North America during the Last Glacial Maximum. *Science* 373(6562): 1528–1531

Bhamra, S K, Heinrich, M, Johnson, M R D, et al. (2022) The Cultural and Commercial Value of Tulsi (*Ocimum tenuiflorum* L.): Multidisciplinary Approaches Focusing on Species Authentication. *Plants* 11: 3160

Brahmachari, G. (2004) Neem – An Omnipotent Plant: A Retrospection. *ChemBioChem* 5: 408–421

Bruman, H (1948) The Culture History of Mexican Vanilla. *The Hispanic American Historical Review* 28(3): 360–376

Camara-Leret, R, & Bascompte, J (2021) Language extinction triggers the loss of unique medicinal knowledge. *PNAS* 118(24): e2103683118

Camazine, S (1980) A study of the medical ethnobotany of the Zuni Indians of New Mexico. *Journal of Ethnopharmacology* 2: 365–388

Connor, S (1995) Mystical, Medicinal Witch Hazel. *Arnoldia* 55(3): 20–21

Correll, D S (1953) Vanilla: Its Botany, History, Cultivation and Economic Import. *Economic Botany* 7(4): 291–358

Davis, L G & Madsden, D B (2020) The coastal migration theory: Formulation and testable hypotheses. *Quaternary Science Reviews* 249: 106605

Defelice, M S (2004) Prickly Pear Cactus, *Opuntia* spp.: A Spine-Tingling Tale. *Weed Technology* 18(3): 869–877

Diamond, J (2002) Evolution, consequences and future of plant and animal domestication *Nature* 418(6898): 700–707

Eberly, S S (1989) A Thorn among the Lilies: The Hawthorn in Medieval Love Allegory. *Folklore* 100(1): 41–52

Edwards, S E, da Costa Rocha, I, Williamson, E M et al. (2015) *Phytopharmacy: an Evidence-Based Guide to Herbal Medicinal Products.* John Wiley & Sons Ltd.

El-Seedi, H R, De Smet, P A G M, Beck, O et al. (2005) Prehistoric peyote use: Alkaloid analysis and radiocarbon dating of archaeological specimens of Lophophora from Texas. *Journal of Ethnopharmacology* 101: 238–242

Ernst, E (2008) Frankincense: Systematic Review. *BMJ* 337: a2813

Gorenflo, L J, Romaine, S, Mittermeier R A et al. (2012) Co-occurrence of linguistic and biological diversity in biodiversity hotspots and wilderness areas. *PNAS* 109(21): 8032–8037

Grace, O M (2011) Current perspectives on the economic botany of the genus Aloe L. (Xanthorrhoeaceae*). South African Journal of Botany* 77: 980–987

Houghton, P & Skari, K P (1994) The effect of blood clotting of some west African plants against snakebite. *Journal of Ethnopharmacology* 44: 99–108

Ioannidis, A G, Blanco-Portillo, J, Sandoval, K et al. (2021) Paths and timings of the peopling of Polynesia inferred from genomic networks. *Nature* 597(7877): 522–526

Iriarte, J, Elliott, S, Maezumi, S Y, et al. (2020) The origins of Amazonian landscapes: Plant cultivation, domestication and the spread of food production in tropical South America. *Quaternary Science Reviews* 248: 106582

Lambert, J (ed.) (1993) *Wise Women of the Dreamtime: Aboriginal Tales of the Ancestral Powers*, collected by K Langloh Parker. Inner Traditions International

Lepofsky, D (2003) The Ethnobotany of Cultivated Plants of the Maohi of the Society Islands. *Economic Botany* 57(1): 73–92

Lev, E, Ephraim, M, & Ben-Arye, E (2011) European and Oriental mistletoe: From mythology to contemporary integrative cancer care. *European Journal of Integrative Medicine* 3: e133–e137

McAlvay, A C, Armstrong, C G, Baker, J et al. (2021) Ethnobiology Phase VI: Decolonizing Institutions, Projects, and Scholarship. *Journal of Ethnobiology* 41(2): 170–191

McDonald, A (2004) A Botanical Perspective on the Identity of Soma (Nelumbo nucifera Gaertn.) Based on Scriptural and Iconographic Records. *Economic Botany* 58: S147–S173

Mazariegos, O C (2016) Human sacrifice and divine nourishment in Mesoamerica: The iconography of cacao on the Pacific coast of Guatemala. *Ancient Mesoamerica* 27: 361–375

Moerman, D E (1998) *Native American Ethnobotany*. Timber Press

Morton, J F (1967) The Balsam Pear – an Edible, Medicinal and Toxic Plant. *Economic Botany* 21(1): 57–68

Mukherjee, P K, Banerjee, S, Biswas, S, et al. (2021) Withania somnifera (L.) Dunal – Modern perspectives of an ancient Rasayana from Ayurveda. *Journal of Ethnopharmacology* 264: 113157

Munger, R S (1949) Guaiacum, the Holy Wood from the New World. *Journal of the History of Medicine and Allied Sciences* 4(2): 196–229

Ostling, M (2014) Witches' herbs on trial. *Folklore* 125: 179–201

Patrut, A, Woodborne, S, Patrut, R T et al. (2018) The demise of the largest and oldest African baobabs. *Nature Plants* 4: 423–426

Posey, D A (2002) Commodification of the sacred through intellectual property rights. *Journal of Ethnopharmacology* 83(1–2): 3–12

Prance, G T (2007) Ethnobotany, the science of survival: a declaration from Kaua'i. *Economic Botany* 61: 1–2

Proctor, R C (1952) Peyote Intoxication. *The National Cactus and Succulent Journal* 7(1): 3–5

Puruntatameri, J, Puruntatameri, R, Pangiraminni, A et al. (2001) *Tiwi Plants and Animals: Aboriginal Flora and Fauna Knowledge from Bathurst and Melville Islands, Northern Australia*. Parks and Wildlife Commission of the Northern Territory & Tiwi Land Council

Randolph, C B (1905) The Mandragora of the Ancients in Folk-Lore and Medicine. *Proceedings of the American Academy of Arts and Sciences* 40(12): 487–537

Rasmussen, M, Sikora, M, Albrechtsen, A et al. The Ancestry and Affiliations of Kennewick Man. *Nature* 523(7561): 455–458

Raymond, E, Blutja, J, Gin.gina, L et al. (1999) Wardaman Ethnobiology: Aboriginal plant and animal knowledge from the Flora River and south-west Katherine region, north Australia, *Northern Territory Botanical Bulletin* No. 25. Parks and Wildlife Commission of the Northern Territory

Ren, G, Xhang, X, Li, Y et al. (2021) Largescale whole-genome resequencing unravels the domestication history of *Cannabis sativa*. *Science Advances* 7: eabg2286

Riaz, M., Zia-Ul-Haq, M., & Jaafar, H.Z.E. (2013) Common mullein, pharmacological and chemical aspects. *Revista Brasiliera de Farmacognosia* 23: 948-959

Richmond, G.S. (1993) A Review of the Use of Eremophila (Myoporaceae) by Australian Aborigines. *Journal of Adelaide Botanic Garden* 15(2): 101-107

Rigamoto, R.R., Tyagi, A.P. & Thaman, R. (2004) Ethnobotanical importance of the coastal plant species of Rotuma Island. *The South Pacific Journal of Natural Sciences* 22 (1): 23-27

Rusconi, M & Conti, A (2010) *Theobroma cacao* L., the Food of the Gods: A scientific approach beyond myths and claims. *Pharmacological Research* 61: 5–13

Salm.n, E (2000) Kincentric Ecology: Indigenous Perceptions of the Human-Nature Relationship. *Ecological Applications* 10(5): 1327–1332

Simmonds, M S J, Fang, R, Wyatt, L et al. (2020) Biodiversity and patents: Overview of plants and fungi covered by patents. *Plants, People, Planet* 2(5): 546–556

Stahl, A B (ed.) (2005) *African Archaeology: A Critical Introduction.* Blackwell Publishing

Stolberg, V B (2011) The Use of Coca: Prehistory, History, and Ethnography. *Journal of Ethnicity in Substance Abuse* 10: 126–146

Thaman, R R (1992) Batiri Kei Baravi: The Ethnobotany of Pacific Island Coastal Plants, *Atoll Research Bulletin* No. 361. National Museum of Natural History Smithsonian Institution

Thornton, R (2001) North America and Native Americans: Sociocultural Aspects. *International Encyclopedia of the Social & Behavioral Sciences* 2001: 10723–10728

Turpin, G, Ritmejeryte, E, Jamie, J et al. (2022) Aboriginal medicinal plants of Queensland:

ethnopharmacological uses, species diversity, and biodiscovery pathways. *Journal of Ethnobiology and Ethnomedicine* 18: 54

Vermaak, I, Mulaudzi, N, & Fouche, G (2023) Hoodia gordonii. Chapter 12 in: *The South African Herbal Pharmacopoeia* 271–291

Vermeylen, S (2008) From life force to slimming aid: Exploring views on the commodification of traditional medicinal knowledge. *Applied Geography* 28(3): 224–235

Wickens, G.E. (1982) The Baobab: Africa's Upside-Down Tree. *Kew Bulletin* 37(2): 173-209

Wightman, G. Garalnganjak Roberts, J. & Williams, L. (1992) Mangarrayi Ethnobotany: Aboriginal Plant Use from the Elsey Area Northern Australia, *Northern Territory Botanical Bulletin* No. 15. Conservation Commission of the Northern Territory

Wyse Jackson, P (2014) *Ireland's Generous Nature: The Past and Present Uses of Wild Plants in Ireland.* Missouri Botanical Garden Press

Zhang, C, Fan, L., Fan, S et al. (2019) *Cinnamomum cassia* Presl: A Review of Its Traditional Uses, Phytochemistry, Pharmacology and Toxicology. *Molecules* 24: 3473

DEUTSCHSPRACHIGE LITERATUR (AUSWAHL)

Cole, Theodor C. H.: *Wörterbuch der Biologie / Dictionary of Biology*, unter Mitarbeit von Ingrid Haußer-Siller, Springer Spektrum, Springer Verlag, Berlin / Heidelberg [4]2015

Greifeld, Katarina (Hrsg.): *Medizinethnologie: Eine Einführung*, Reimer Verlag, Berlin 2013

Heinrich, Michael: *Ethnopharmazie und Ethnobotanik: Eine Einführung*, Wissenschaftliche Verlagsgesellschaft, Stuttgart 2001

Hobbs, Kevin / West, David: *Die Geschichte der Bäume und wie sie unser Leben verändert habe*n, Laurence King Verlag, Berlin 2020

Janzing, Gereon: *Mehrsprachiges Wörterbuch für die Ethnologie*, Lincom Europa Verlag, München 2001

Neuwinger, Hans Dieter: *Afrikanische Arzneipflanzen und Jagdgifte. Chemie, Pharmakologie, Toxikologie*, Wissenschaftliche Verlagsgesellschaft Stuttgart [2]1997

Panoff, Michel / Perrin, Michel: *Taschenwörterbuch der Ethnologie*, Reimer Verlag, Berlin [3]2000

Rätsch, Christian: *Enzyklopädie der psychoaktiven Pflanzen: Botanik, Ethnopharmakologie und Anwendung.* AT Verlag, Aarau 2018

Sitte, P. / Weiler, E. W. / Kadereit, J. W. / Bresinsky, A. / Körner, C. (Hg.): *Strasburger Lehrbuch für Botanik*, Spektrum Akademischer Verlag, Heidelberg, Berlin [35]2002

Unseld. Medizinisches Wörterbuch / Medical Dictionary Englisch-Deutsch / Deutsch-Englisch, bearbeitet von Dr. med. Marie-Christine Balg-Alengrin, Wissenschaftliche Verlagsgesellschaft, Stuttgart [13]2022

Wagenitz, Gerhard: *Wörterbuch der Botanik. Morphologie, Anatomie, Taxonomie, Evolution*, Spektrum Akademischer Verlag, Heidelberg / Berlin [2]2003

Wernhardt, Karl R / Zips, Werner (Hrsg.): *Ethnohistorie. Rekonstruktion und Kulturkritik. Eine Einführung*, Promedia, Wien 2014

REGISTER

Laurence King Verlag GmbH
Jablonskistraße 27, 10405 Berlin
www.laurencekingverlag.de

Erstmals erschienen bei Greenfinch
in Großbritannien 2024

Greenfinch ist ein Imprint von Quercus Editions Ltd
Carmelite House, 50 Victoria Embankment
London EC4Y 0DZ

Ein Unternehmen von Hachette UK

Design: Studio Polka

Für die deutsche Ausgabe
Übersetzung: Bettina Eschenhagen, Hildesheim
Lektorat: Writehouse, Katrin Höller, Köln
Satz: Igor Divis, Dortmund
Projektleitung: hauffe publishing, Dortmund

ISBN: 978-3-96244-351-1

1. Auflage 2024
Gedruckt in China

www.laurencekingverlag.de

Umschlagabbildung: Baobab (*Adansonia digitata*) aus: *Flore d'Amérique* (1843–46) von Etienne Denisse.

BILDNACHWEIS

S. 30, 34, 40, 54 Hintergrundillustrationen: Shutterstock / Meow_Meow
S. 46 Hintergrundillustration: Shutterstock / Thitichot
S. 64 Hintergrundillustration: Shutterstock / To_mua_to
S. 70, 92 Hintergrundillustrationen: Shutterstock / WorkingPens
S. 76, 86 Hintergrundillustrationen: Shutterstock / Sunward Art
S. 102, 120 Hintergrundillustrationen: Shutterstock / Richard Laschon
S. 107 *Clootie*-Weißdorn, Cornwall. Foto: Sarah Edwards
S. 114, 120 Hintergrundillustrationen: Shutterstock / RedKoala
S. 142, 150, 158, 164 Hintergrundillustrationen: Shutterstock / Kirkchai Benjarusameeros
S. 154 Hintergrundillustration: Shutterstock / Anchalee thaweeboon
S. 180, 210 Hintergrundillustrationen: Shutterstock / Komsann saipanya
S. 188, 196 Hintergrundillustrationen: Shutterstock / Daiquri
S. 218 Hintergrundillustration: Shutterstock / Dedoma
S. 224, 244 Hintergrundillustrationen: Shutterstock / Mindfullness
S. 230, 240 Hintergrundillustrationen: Shutterstock / MiniDoodle

DANKSAGUNG DER AUTORIN

Ich danke meiner ganzen Familie sowie all meinen Lehrerinnen und Lehrern, Kolleginnen und Kollegen, die mich auf meiner Reise als Ethnobotanikerin und beim Schreiben dieses Buchs unterstützt haben. Besonderen Dank schulde ich denen, mit denen ich in Australien zusammenarbeiten durfte, insbesondere Dad J. Ngallametta und Mum M. Ngallametta (beide inzwischen leider verstorben), dem Volk der Aurukun und den Ethnobotanikern Glenn Wightman und Nick Smith. Dank gebührt auch Prof. Michael Heinrich, meinem Doktorvater an der UCL School of Pharmacy. Mein spezieller Dank geht zudem an Kerry Enzor bei Quercus Books und an Julia Shone, meine Lektorin, für ihre Geduld und Nachsicht sowie an Gina Fullerlove, Lydia White und Pei Chu bei Kew Publishing für die schönen Illustrationen.

Schließlich danke ich meinen Gutachtern Mark Nesbitt und Sharon Willoughby in Kew Gardens für ihre konstruktiven Kommentare zur ersten Fassung des Textes.

Sarah E. Edwards

DANKSAGUNG DER ÜBERSETZERIN

Für Unterstützung bei der fachlichen Begrifflichkeit danke ich Thomas Eschenhagen, Lehrstuhl für Experimentelle Pharmakologie und Toxikologie, Universitätsklinikum Hamburg Eppendorf, Hamburg; Sabine Lang, Ethnologin, Roemer- und Pelizaeus-Museum Hildesheim, und Andrea Nicklisch, Kuratorin der ethnologischen Sammlung, Roemer- und Pelizaeus-Museum Hildesheim; sowie Hans Pretzsch, Lehrstuhl für Waldwachstumskunde, Technische Universität München.

Bettina Eschenhagen